U0812579

全国中等职业教育印刷包装专业教改示范教材

印刷概论

唐宇平 主编
常玉艳 薛金儒 副主编

中国轻工业出版社

图书在版编目（CIP）数据

印刷概论/唐宇平主编. —北京：中国轻工业出版社，2021.8

全国中等职业教育印刷包装专业教改示范教材

ISBN 978-7-5019-7951-6

Ⅰ.①印… Ⅱ.①唐… Ⅲ.①印刷-专业学校-教材 Ⅳ.①TS8

中国版本图书馆CIP数据核字（2010）第231455号

责任编辑：杜宇芳

策划编辑：林 媛 杜宇芳 责任终审：劳国强 封面设计：锋尚设计

版式设计：王超男 责任校对：晋 洁 责任监印：张 可

出版发行：中国轻工业出版社（北京东长安街6号，邮编：100740）

印 刷：三河市万龙印装有限公司

经 销：各地新华书店

版 次：2021年8月第1版第5次印刷

开 本：787×1092 1/16 印张：9.5

字 数：202千字

书 号：ISBN 978-7-5019-7951-6 定价：25.00元

邮购电话：010-65241695

发行电话：010-85119835 传真：85113293

网 址：http://www.chlip.com.cn

Email：club@chlip.com.cn

如发现图书残缺请与我社邮购联系调换

210966J3C105ZBW

全国中等职业教育印刷包装专业教材编审委员会

出版说明

印刷类中职学校是培养从事印前制作、印刷生产、印后加工、设备维护、品控管理及印刷营销工作第一线的技能型劳动者的主要阵地。随着改革开放的不断深入，国民经济持续快速发展，使得与经济文化发展配套的印刷业也得到快速发展。随着各种新技术、新设备、新材料、新工艺的不断推出，企业的营销模式和管理理念的不断创新，印刷业给印刷包装类中职学校人才的教育和培养提出了更高的要求。

为了使印刷包装类中职学校培养的印刷技术专业人才满足现代印刷企业的实际生产和发展所需，原全国轻工中职印刷技术专业教学指导委员会与中国轻工业出版社于2007年初联合发起，重新成立了全国中等职业技术教育印刷包装专业教材编委会。新的教材编委会按照：以就业为导向，以社会需求为依据，以职业技术领域的岗位和岗位群的职业分析为基础；以学生为主体，学生发展为目标；以综合素质为基础，以职业能力为本位；以技能训练与职业资格标准接轨，推行“双证制”的教学改革思路，组织全国印刷包装类中职学校开展印刷技术专业建设、课程改革与教材开发工作。在教材编写方面，教材编委会强调了新编教材要体现专业知识必需、够用，着力操作技能培养的原则，将技能人才培养的着眼点放在应用技能的养成和提升上；重点研究和寻找理论知识与应用技能操作的最佳结合点，理论知识内容与技能操作指导的最佳配比，坚持理论与实践紧密结合的一体化教学思路，强调基础理论的应用性，将模块化的技能操作训练指导和一线岗位对人才能力结构的要求切实贯彻到各门课程的教材编写之中。根据不同课程的目标及特点，对相应的教材要求分别采取“任务驱动、案例引领、简单陈述与模块结构”相结合的方式进行编写。在此原则下，教材编委会从2007年8月开始组织相关学校的骨干教师拟定了15本教材的编写大纲，并经过反复讨论修订，确定主编及参编人员，经过2年多的精心组织与编写，即将陆续推出《印刷英语》《印后加工》《印前制版工艺》《平版印刷工艺》《印刷概论》《数字印刷》《凹版印刷》《印刷工艺设计》《印刷电工基础》《印刷机结构与维修》《网版制版与印刷工艺》《印刷材料与适性》《印刷机操作实习指导》《柔性版印刷工艺》《印刷色彩》。

本套教材的特点如下：

1. 实用性强：以就业为导向，以印刷业的岗位和岗位群的职业分析为基础，以技术能力为主线，注重理论联系实际，实用性强。

2. 编写模式新：按不同课程的特点，分别采用了任务驱动、案例引领、模块结构及简单阐述等编写模式，突破了以往教材千篇一律的格式。

3. 直观简明：大量使用示意图和真实的实物图来表示相关的内容，便于学习和理解，印象深刻，易于记忆。

4. 考核实用有效：每本教材在每个模块或章节中都设有相应的技能训练与考核项目，以便及时帮助学生强化所学的知识和技能。在题目的设计上注重实用性，不设死记硬背的题目，有助于培养学生解决实际问题的能力。

5. 具有先进性：教材除了传统的内容外，还增添了新的应用技术及成果，体现了当前印刷企业的实际要求及发展，便于学生适应技术先进的企业工作。

6. 教材资源丰富：每本教材都配有课件及大量的多媒体资源，能方便教与学。

参与教材策划与编写工作的有广州市轻工职业学校、武汉市第一轻工业学校、湖北省一轻工业学校、苏州市轻工业学校、北京市工贸技师学院、山东高级技工学校、中山市建斌中等职业技术学校、包头轻工职业技术学院、天津市印刷装潢技术学校、肇庆理工中等职业学校等十个单位的领导和专业教师。

教材的开发是一项非常复杂的系统工程，并要紧随行业技术的发展及生源质量的变化不断地进行更新和完善。由于我们所有参编教师都有繁重的教学任务，加上水平有限，在有限的时间内编写出来的教材肯定存在不足和缺陷，在此，我们诚恳欢迎广大中职师生和专业技术人员给予批评指正。

全国中等职业教育印刷包装专业教材编委会

2009 年 12 月

前言

一、《印刷概论》各章节对应关系

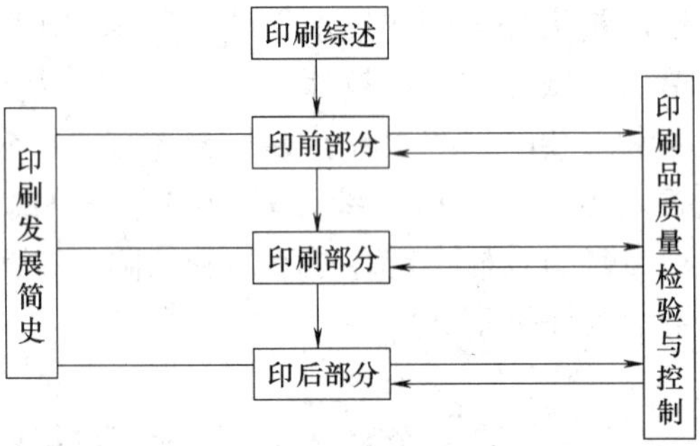

本书首先以简明扼要的笔墨概述印刷术的发明、发展以及发展趋势，然后通过印刷综述对印刷品生产过程以及要素进行介绍。本书重点通过印刷的三大环节进行较为详细的介绍。印前部分：对文字、图像处理及制版，介绍了不同历史时期不同的处理方法以及工艺流程或不同设备的不同工艺方法。同时还介绍了不同印刷方式的不同制版方法和制版工艺流程。印刷部分：则以介绍常规印刷方式为主，特种印刷方式为辅。在常规印刷中，侧重介绍当代成熟的印刷形式、印刷机和工艺过程，对新的印刷形式也进行了介绍。对特种印刷，只是对较为常见的印刷方式或者特殊产品的印刷进行了粗略介绍。印后加工部分：主要是对书籍、期刊、包装装潢产品的加工形式、设备、工艺流程进行介绍。印刷品质量检验与控制部分：印刷品质量检测与控制也是贯穿整个印刷过程的，产品在生产的不同阶段都有其检验标准和控制方法，不同时期有不同的质量标准和控制方法。这里只介绍一般印刷品质量检验标准与控制方法以及常用测控仪器、工具的使用方法。

二、《印刷概论》适用对象

本书是印刷从业人员入门必修课程，它涵盖了印刷术跨时间、跨空间的内容。知识面宽内容广，可作为技校、中专和技师学员的教材和一般从业人员的读物。既可以作为印刷知识的了解，也可以作为专业知识深读。

三、《印刷概论》的教学建议

“印刷概论”是学员首先接触的专业课，涉及面广，内容繁杂。讲授中应避免出现蜻蜓点水面面俱到，应当突出重点有张有弛，增加实物实践教学，引发学员求学专业知识的兴趣。《印刷概论》建议安排课时数为 36 节，使用时可按自身情况适量增减课时数，在理论教学中还需安排 2～4 次到印刷厂参观。

四、《印刷概论》的编写情况

本书由武汉职业技术学院轻工学院（原湖北省一轻工业学校）唐宇平老师主编，其中第一章、第三章由广州市轻工职业学校常玉艳老师编写，第二章、第六章、第七章由山东工业技师学院薛金儒老师编写，第四章、第五章由唐宇平老师编写。

本书在编写过程中，得到教材编审委员会的大力支持，特别是上海出版印刷高等专科学校的顾萍老师对《印刷概论》的编写提出了许多宝贵的建议，在此一并感谢。对书中出现的不足恳请广大读者批评指正、不吝赐教。

编者

2010 年 7 月

目录

第一章　印刷发展简史

【学习目标】

掌握：1. 印刷术发明的条件

2. 雕版印刷的发明与发展

3. 活字印刷的发明与发展

了解：1. 现代印刷术的产生与演进

2. 当代印刷术的现状和发展趋势

【知识要点】

第一节　印刷术发明的前提条件、物质基础和技术基础

第二节　雕版印刷的发明和发展；活字印刷的发明和发展

第三节　现代印刷术的产生、演变和发展趋势

第一节　印刷术的起源

印刷技术是人类历史上最伟大的发明之一，也是我国古代四大发明之一。由于印刷技术的发明，便利了信息交流、思想传播和技术的推广。它的发明代替了书籍的手工传抄，极大地推动了社会文化的发展进步。在当今现代化建设中，印刷事业更是通过以各种印刷品为媒介，传播思想、科学、文化、知识，以促进社会主义精神文明和物质文明的发展。

一、文字的产生

人类社会之初，生产力极其低下，出于生存的需要，人们不得不联合起来，采用原始、简陋的生产工具，同大自然作斗争。在斗争中，为了交流思想，传递信息，语言诞生了。但语言一瞬即逝，它既不能保存，也无法传到较远一点的地方去，而某些需要保留和传播到较远地方去的信息，单靠人的大脑的记忆是不行的。于是，原始的记事方法——“结绳记事”和“刻木记事”应运而生了（图 1-1、图 1-2）。

首先人类创造了用绳子打结以记事的方法，相传以大事打大结，小事打小结，这是文字产生前的一种帮助记忆的方法，叫结绳记事；进而在树枝上以刻画深浅、长短、粗细不同的条痕，表示不同的意思，用于帮助记忆，叫刻木记事；往后，进一步完善，用图画描绘事物，描摹实物形状的造字法，逐步演变为象形文字。随着人类思想的日益复杂，象形文字由图画变成符号，记录和传播人们思想的文字也日益增多，逐步形成了系统的规范的文字体系。

汉字的字体，在长期的发展过程中不断变化。最早的是殷商时代的甲骨文（图1-3）和周朝的大篆（也叫金文、钟鼎文），秦代的小篆、汉代的隶书、魏晋的楷书，最后演变成今天的简化字（图 1-4）。所以，文字是由象形文字经简化、统一、逐步创造、演变，才形成今日的汉字的。

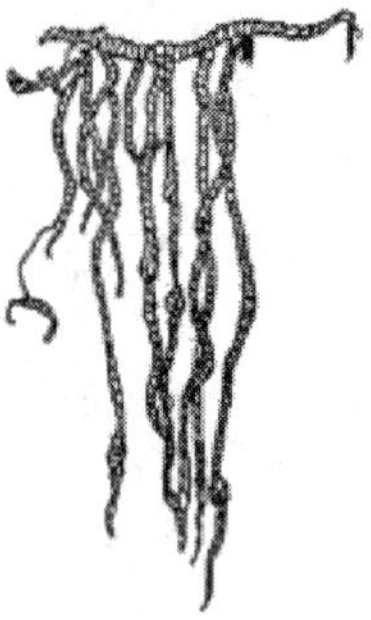

图 1-1　结绳记事

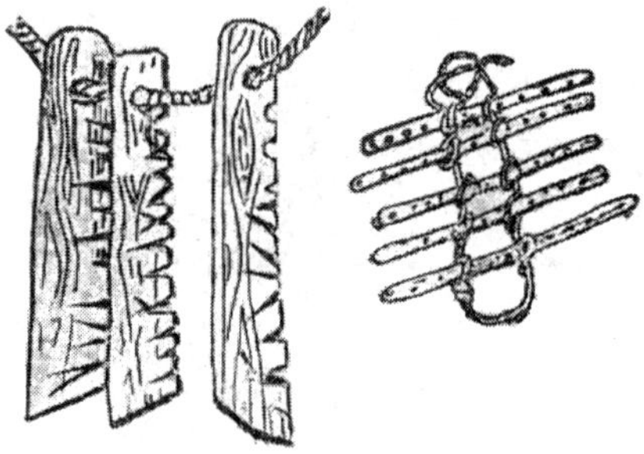

图 1-2　刻木记事

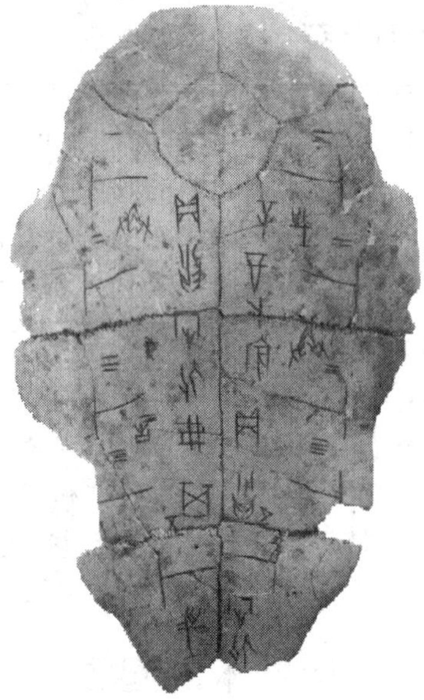

图 1-3　我国殷商时期的甲骨文

图 1-4　汉字的演变

文字的发明是人类文明的一大跃进。文字的应用，使得语言信息得以准确、完整、形象地再现，为印刷术的发明创造了必不可少的前提条件。

二、笔墨纸的发明

书写文字或者画画需要有用具，在公元前 4 世纪之前就出现了以兔毫做笔头、细竹做笔杆的毛笔，经历代相传，沿用至今。

大约在公元 3 世纪，我国以松烟和动物胶等为原料制成松烟墨，为书画所用的黑色颜料，从而取代了在这以前使用的朱砂、石墨、漆以及墨鱼的墨汁等天然物质。

纸是中国的“四大发明”之一，它是写字、绘画、印刷、包装等方面广泛使用的材料。多用植物纤维制造。中国古代使用竹片和木板为书写材料，分别称为“简策”和“版牍”。后又用丝帛为书写材料。到东汉时，蔡伦总结前人用麻质纤维造纸的经验，改进造纸术，创造性地利用树皮、麻头、破布、旧鱼网等植物纤维作原料造纸，为造纸技术的发展开辟了广阔的道路，改变了竹简太重，缣帛太贵，不便于推广使用的缺点。

笔、墨、纸是文字记录的工具（图 1-5），它们的发明，为印刷术的发展奠定了必要的物质基础。

图 1-5 笔墨砚

三、印章和拓石

早在公元前 4 世纪（战国时代）时，已经有了印章。先后经过阴文印章到阳文印章的改进，及印章面积的扩充，盖印的方法不断被应用在复制技术上。

在公元前 7 世纪，我国就有了石刻文字。为了免去从石刻上抄写的劳动，至公元 4 世纪左右，发明了以湿纸紧覆在石碑上，用墨打拓其文字或图形的方法，叫做“拓石”（图 1-6）。后来，又将刻在石碑上的文字，刻在木板上，再进行传拓，所以开始在木板上雕刻文字是供传拓用的。石刻文字是阴文正写，这就提供了从阴文正写取得正字的复制技术。

使用印章的方法是盖印，印章先蘸色，再印到纸上面。拓石的方法是刷印，把柔软的薄纸浸湿铺在石碑上，轻轻敲使纸嵌入石碑刻字的凹陷部分，待纸完全干燥后，用刷

图 1-6　石刻拓印

子蘸墨均匀地刷在纸上，由于凹下的文字部分刷不到墨，仍为纸的白色，将纸揭下来后，就得到黑底白字的拓本。黑底白字不如白底黑字醒目。因此，如果将碑上的阴文正写的字，仿照印章的办法，换成阳文反写的字，在版上刷墨再转印到纸上，或者扩大印章的面积，成为一块小木板，在版上刷墨铺纸，仿照拓石方法来拓印，就能得到清楚的白底黑字了，这就是雕刻印刷。雕刻印刷是我国的印刷术的最早形式，是印章盖印和捶拓碑石两种方法的结合和逐步演变，所以印章和拓石为印刷技术的发明准备了技术条件，是印刷术发明的先驱。

综上所述，文字的产生、笔墨纸的发明和印章、拓印技术的发明，以及在当时社会历史条件下，宗教和科普知识的盛行，人类对文字资料的大量需求，人们迫切需要一种图书资料的复制技术。这些条件对印刷术的产生和不断发展起到了决定性的作用。

第二节　印刷术的发展与演变

一、雕版印刷术的发明和发展

1. 雕版印刷术的发明

雕版印刷术是人类历史上出现最早的印刷术，是我国劳动人民的伟大发明。

雕版印刷术是在版料上雕刻图文进行印刷的技术。雕版印刷的版料（图 1-7），一般选用纹质细密坚实的木材，如枣木、梨木等。制版和印刷的程序是：先把字写在薄而透明的绵纸上，字面朝下贴到板上，用刻刀按字形把字刻出，然后在刻成的版上加墨，把纸张覆盖在版上，用刷子均匀揩拭，揭下来，文字就转印到纸上并成为正字。

雕版印刷的出现，标志着印刷术的诞生。根据现存史料的记载，认定它出现于公元

图 1-7 雕刻印版

7 世纪，即唐朝初期。

唐开元年间（公元 713—714 年）雕本《开元杂报》是世界最早的报纸（图 1-8）。

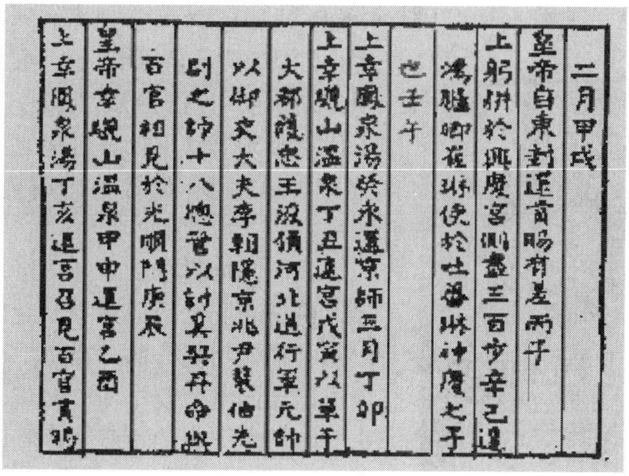

二月甲戌
皇帝自東封還賞賜有差丙子
上躬耕於興慶宮側盡三百步辛巳還
鴻臚卿崔琳使於吐蕃琳神慶之子
也壬午
上幸鳳泉湯癸未還京師三月丁卯
上幸驪山溫泉丁丑還宮戊寅以單于
大都護忠王浚領河北道行軍元帥
以御史大夫李朝隱京兆尹裴伷先
副之帥十八總管以討奚契丹命興
百官相見於光順門庚辰
皇帝幸驪山溫泉甲申還宮乙酉
上幸鳳泉湯丁亥還宮召見百官實

图 1-8 唐代的《开元杂报》

唐朝后期，印刷实物有明确日期保存下来的，是一卷《金刚经》，其末尾明确刻着“咸通九年四月十五日王价为二亲敬造普施”字样。咸通九年即公元 868 年，这是目前世界上最早的有明确日期的印刷实物（图 1-9）。该书原藏于甘肃敦煌千佛洞，雕刻非常精美，图文浑朴稳重，刀法纯熟，说明刊刻此书时技术已达到高度熟练的程度，书上墨色浓厚均匀，清晰明显，也说明印刷术的高度发达，而且印刷术发明已久。

2. 雕版印刷术的发展

图 1-9 《金刚经》印本

雕版印刷术发明后，满足了社会对文字和图画的复制要求，并得到不断的完善和发展。

9 世纪时，雕版印刷的使用已相当普遍。五代时期，不仅民间盛行刻书，政府也大规模刻印儒家书籍。自后唐明宗长兴三年（公元 932 年）起，到后周广顺三年（公元 953 年），前后 22 年刻印了九经、《五经文字》、《九经字样》各二部，共 130 册。宋代雕版印刷更加发达，技术臻于完善，尤以浙江的杭州、福建的建阳、四川的成都刻印质量为高。宋太祖开宝四年（公元 971 年）张徒信在成都雕刊全部《大藏经》，费时 22 年，计 1076 部，5048 卷，雕版达 130000 块之多，是早期印刷史上最大的一部书。元、明、清三代从事刻书的不仅有各级官府，还有书院、书坊和私人，所刻书籍，遍及经、史、子、集四部。

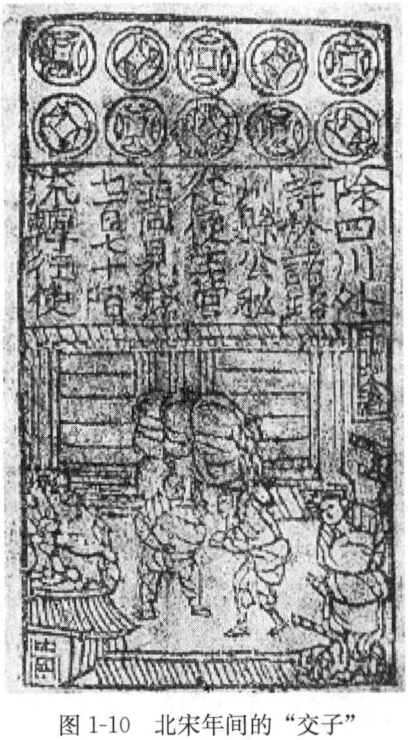

图 1-10 北宋年间的“交子”

我国是世界上最早使用纸币的国家，也是世界上最早印刷纸币的国家。我国最早的纸币是北宋初年在四川流行的“交子”（图 1-10），比欧洲最早出现的纸币要早 600 多年。

随着生产力的发展，雕版印刷术出现了一些变化。主要变化之一是版式的变化，最早的雕版印刷的版式类似于甲骨文，没有固定的版式，此后逐渐形成以长方形为主的版式；之二是在字体方面，不仅出现了各种形式的楷体字，也出现了形态方正、笔画匀称的宋体字，方便了阅读和刊刻。

在工艺技术方面出现了彩色套印术，即用多色套印。“交子”是用朱墨两色套印的纸币。14

世纪时元代中兴路（今湖北江陵），用朱墨两色刊印的《金刚经注》，是现存最早的套色印本（图 1-11）。到 16 世纪末，套色印刷广泛流行。

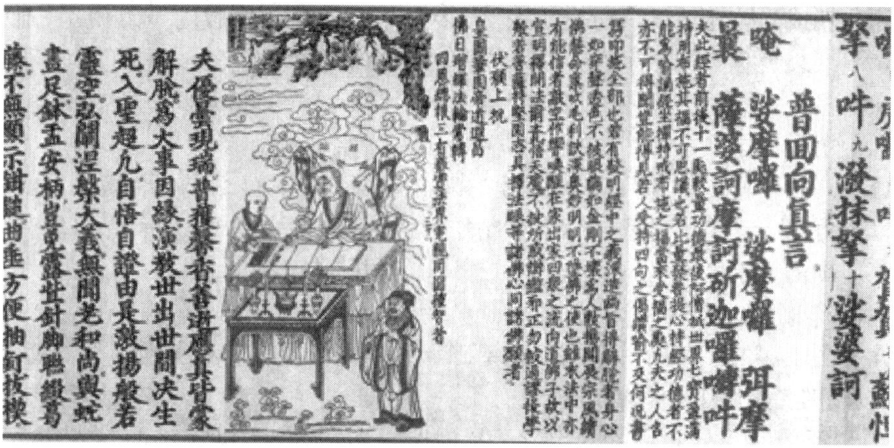

图 1-11　朱墨两色刊印的《金刚经注》

二、活字印刷术的发明和发展

1. 活字印刷术的发明

雕版印刷术的发明和推广，较之以前的手写传抄大量节省了人力和时间，对书籍的生产和知识的传播是一个巨大的革命。但是，雕版印书必须一页一版，有了错字难以更正，特别对于大部头书，费时费工，而且储存版片要占用很多地方，管理起来也有一定的困难。而在雕版的基础上发明的活字排版印刷术则可以解决这些矛盾，进一步提高印书效率。

活字印刷术就是预先制成单个活字，然后按照付印的稿件，拣出所需要的字，排成一版而施行印刷的方法。采用活字印刷，一书印完之后，版可拆散收纸，单字仍可再用来排其他的书版。这个方法直到现在还是世界上生产书籍、报纸、杂志的方法之一。

活字印刷术是在 11 世纪中期，中国北宋庆历年间（1041—1048 年）天才工人毕昇所发明的（图 1-12、图 1-13）。毕昇发明的活字，是以胶泥为原料制成的，是世界上最

图 1-12　毕昇

图 1-13　泥活字

早的泥活字，它比古腾堡（又称谷登堡）应用的活字早四百多年。

毕昇的活字印刷术分为三个主要步骤：首先用胶泥（黏土）刻成很薄的单个字，在火中烧硬，就成为胶泥活字，每个字做 20 多个，以备在一块版内重复使用，胶泥活字烧成后，用纸袋装着，按照字韵排在木格里；其次，按照原稿从木格里拣出所需的字，依次排在铁板上，铁板上已放一层掺和纸灰的松脂蜡，字排好后将铁板在火上加热，待蜡稍熔化，用平板压平字面，铁板冷却后，胶泥活字便固着在铁板上，形成活字印版，可以像雕版一样印刷；印完后，将铁板在火上再烘一下，便可将活字取出，还到木格里，供以后再用。其工艺过程包括活字制作、拣字、排版、印刷、拆版、还字等类同于现代活字印刷的几乎全部工序，是一项成熟、实用的伟大发明。

2. 活字印刷术的发展

毕昇发明了泥活字印刷，后人在此基础上不断进行了改进和发展，主要表现在活字材料的改进和排字印刷技术的改进。

公元 1297—1298 年，元朝农学家王祯发明了木活字，同时创制了轮转排字架（图 1-14），大大提高了印刷质量和速度，降低了排字的劳动强度。王祯用这种木制活字排印了 6 万多字的《旌德县志》600 部。另外还写成了《造活字印数法》一书，这是世界上最早的讲述活字印刷术的专门文献。

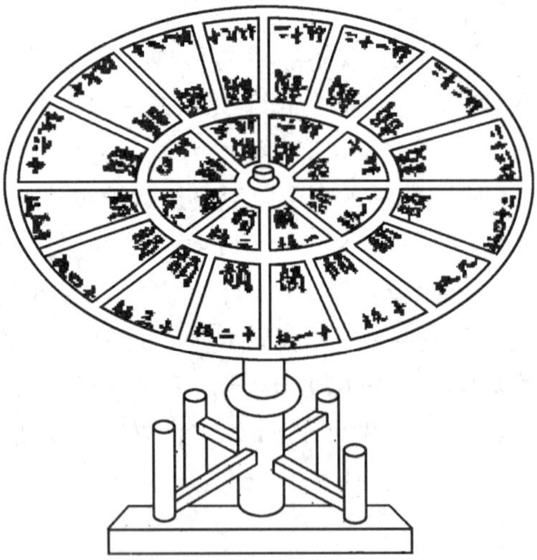

图 1-14 轮转排字架

后来又相继出现了铜活字、锡活字、铅活字等一些金属活字。

第三节 印刷术的发展与演进

一、我国印刷术向国外传播

印刷术这项于人类文化事业和社会发展具有重要影响力的伟大发明，从中国通过丝绸之路、宗教交流或政府之间的外交活动，传到西亚、北非和欧洲，进而传向世界各地。所以世界各国的印刷术，都是从中国直接或间接地传播过去的。因此，中国是印刷术的故乡。

印刷术首先传入我国邻近的国家，朝鲜和日本是较早接受中国印刷术的国家。

朝鲜在7世纪时，就经常派学生到中国学习，回国时往往带走大批书籍和雕版，同时还学到不少先进的工艺技术。朝鲜最早出现的印刷术是用来刻印佛教经典的。其最早的印刷品《高丽大藏经》就是按中国的官方《大藏经》用雕版方法刊印的。

朝鲜半岛不但采用了中国的雕版印刷术，而且还采用了毕昇发明的活字印刷术印过一些书，并且在活字材料上还有所创新。他们先后应用泥活字、木活字、铜活字、铅活字、铁活字，其中最有成就的是铜活字。

日本最早的印刷物是770年印制的《无垢净光经根本陀罗尼》，它是由中国东渡高僧鉴真一行人刻印的。至今仍有实物留存。

日本雕版印刷兴起后，有不少中国刻工到日本从事刻书事业，他们除刻印佛经外，还刻印了不少小学课本、字书等其他书籍。日本采用活字版印书比较晚，也有说我国的活字印刷术是经过朝鲜传入日本的。

印刷术传入朝鲜、日本之后，陆续向其他周边邻国传播，在东南亚各国，较早接受中国印刷术的是菲律宾、越南，之后才传向泰国、马来西亚等其他南亚国家。

中国的印刷术通过丝绸之路向西方传播，经由中亚、西亚而影响了非洲、欧洲，进而传到美洲、大洋洲（图1-15）。尽管现在还没有得到欧洲印刷术是由东方传去的直接证据，但许多事实可以证明，欧洲印刷术的产生，不仅仅是晚于中国印刷术数百年，而且是在中国印刷术的深刻影响下诞生的。这一点已为大多数西方学者所接受。

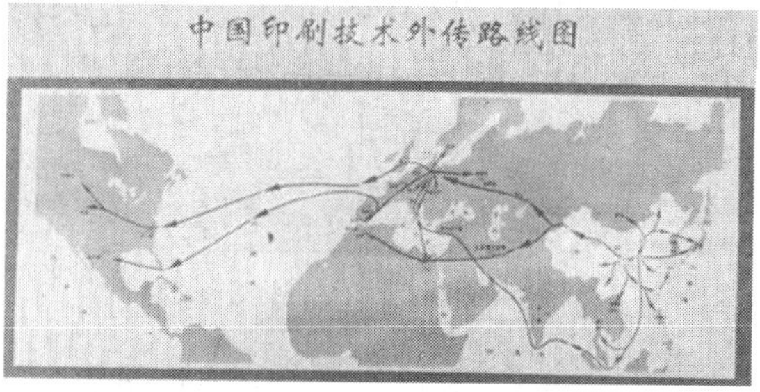

图1-15　中国印刷技术向外传播路线图

印刷术向国外的传播，增进了我国同世界各国的交往，增强了我国人民同世界各国人民的友谊，促进了人类文明的进步，对世界文化发展做出了巨大贡献。

二、现代印刷术的产生和演进

受我国印刷术的影响，德国人谷登堡在1440—1448年间发明了铅活字印刷，开创了现代印刷技术的时代。比毕昇发明的活字印刷术晚了约400年。但他成功地发明了由铅、锑、锡三种金属按科学、合理比例熔合铸成的铅活字，采用了脂肪性油墨，并设计了木制印刷机，采用机械方式印刷。开创了以机械操纵为基本特征的世界印刷史上的新纪元。

谷登堡首创的活字印刷术，先从德国传到意大利，再传到法国，到1477年传至英国时，已经传遍欧洲了。1个世纪以后传到亚洲各国，1589年传到日本，翌年，传到中国。谷登堡的铸字、排字、印刷方法，以及他首创的螺旋式手板印刷机，在世界各国沿用了400余年。这一时期，印刷工业的规模都不大，印刷厂多为手工业性质。

1845年，德国生产了第一台快速印刷机，这以后才开始了印刷技术的机械化过程。

1860年，美国生产出第一批轮转机，以后德国相继生产了双色快速印刷机，印报纸用的轮转印刷机，到1900年，制造了6色轮转机。从1845年起，大约经过1个世纪，各工业发达国家都相继完成了印刷工业的机械化。

从20世纪50年代开始，印刷技术不断地采用电子技术、激光技术、信息科学以及高分子化学等新兴科学技术所取得的成果，进入了现代化的发展阶段。20世纪70年代，感光树脂凸版、PS版的普及，使印刷迈入了向多色高速方向发展的途径。20世纪80年代，电子分色扫描机和整页拼版系统的应用，使彩色图像的复制达到了数据化、规范化，而汉字信息处理与激光照排工艺的不断完善，使文字排版技术产生了根本性的变革。20世纪90年代，彩色桌面出版系统的推出，表明计算机全面进入印刷领域。总之，随着近代科学技术的飞跃发展，印刷技术也迅速地改变着面貌。

三、当代印刷术的现状

随着社会信息化及经济全球化的迅猛发展，印刷技术也在发生巨变，从早期的雕版印刷、活字印刷，到后来的告别“铅”与“火”，走向激光时代。近代由于电子计算机的出现及广泛应用，使数字印刷得以实现并获得突飞猛进的发展。相应地在印刷技术、工艺、服务方式、方法以及对象方面都发生了变化。

计算机在印刷技术中的应用，首先是从印前开始的。如图1-16。

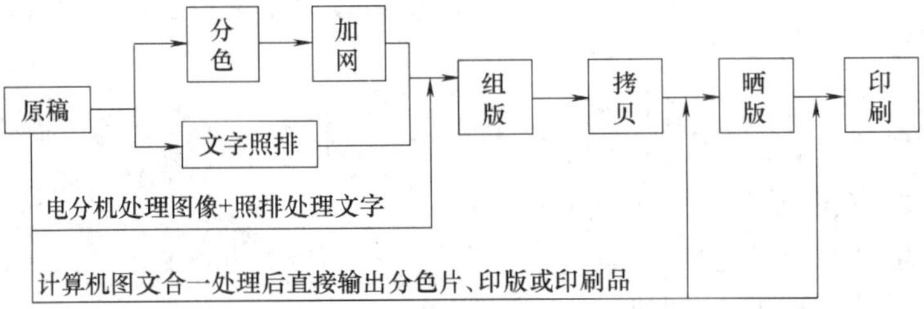

图1-16　计算机在印刷技术中的应用

20世纪70年代，出现了电子分色扫描机，简称电分机。电分机是数字印前工艺的前奏。采用光电扫描的方法，将从原稿获得的彩色光信号转换成分通道的电信号，再经过电光转换对感光胶片进行曝光成像。虽然在电分机时期，仍然采用模拟方法进行色彩信号处理，但是此时的图像处理技术已经从照相制版阶段的整幅原稿一次性曝光成像处理到逐点扫描处理，从对色彩信号的定性处理到局部进行定量处理了。另外，在电分机发展过程中，还产生了数字加网方式。

到20世纪80年代末，计算机图文合一的处理技术日趋完善，开始进入使用阶段。出现了彩色桌面出版系统。它是一种新型的印前处理设备，由桌面分色和桌面电子出版两部分组合而成。它的问世，从根本上解决了电子分色机处理文字功能弱，不能很好地进行图文合一制作的缺陷。

彩色桌面出版系统与电子分色机相联，叫做高端联网，这是桌面系统的又一种工作方式。

高端联网，形成了以通用计算机为核心的整页拼版系统。不仅发挥了电子分色机输入分辨率较高，图像处理质量好的优点，而且融合了桌面系统可以图文同时处理版面组合灵活快捷、人工创意新颖、整页数据可重复存取的特长，同时给有电子分色机的厂家，提高彩色制版的能力和效率，开辟了一条极好的途径。

随着科技的发展，数字链在印刷流程中不断延伸，开始仅仅完成印前图文信息的获取和处理，最终发展到了全流程。当今的数字印刷技术可以称为全数字化印刷技术，数字印刷技术将整个印刷的处理过程浓缩为一个高度智能化的数字印刷系统，如方正印捷数码印刷系统。系统中包括了印前处理的所有功能和操作，所有的中间产品都以数字方式存储和流通。将信息源与这个系统相连接，就可以得到所需要的印刷品。

数字链不仅仅是沿着整个印刷流程线性延伸，实际上是在整个印刷工程中网状扩展。如果说在印刷数字化工作流程中，仅印刷数据的获取、处理和输出使用了数字化，那么在计算机集成印刷技术中，印刷企业的管理信息，出版物的流通信息都使用了数字化，而且，这两个数字化的过程有机地融合在一起了。

目前在我国，印刷业已初步形成三大产业带：以广东为中心的珠三角印刷产业带、以上海和苏浙为中心的长三角印刷产业带、以京津为中心的环渤海印刷产业带。

2008 年 1～11 月我国印刷行业实现累计工业总产值 2100 亿元，比上年同期增长了 18.91%；实现主营业务收入 1995 亿元，比上年同期增长了 18.75%；2008 年 1～11 月实现累计利润总额 139.6 亿元，比上年同期增长了 12.96%。

2009 年 1～11 月我国印刷行业实现主营业务收入 2354.6 亿元，比上年同期增长了 13.58%；实现累计利润总额 173 亿元，比上年同期增长了 19.27%。

随着我国经济的发展和与国际经济的接轨，国际资本进入我国印刷业的步伐加快。到 2020 年，全球大约 50%的印刷品要在数字印刷机上进行生产。可变数据印刷将成为行业主驱动力。在未来十年中，以油墨为基础的印刷技术会把自己的一部分市场让给数字印刷技术，但是，数字印刷技术绝不会取代印版印刷。

虽然我国步入了印刷大国，但人均印刷消费量只有发达国家 1/10，产业结构不合理、结构性矛盾突出、研发基础薄弱、技术创新后劲不足、技术装备、从业者素质等有待提高等仍然制约着中国印刷产业的发展，还不是印刷强国。

四、印刷术的发展趋势

随着科学技术的发展和信息化时代的来临，印刷技术的发展趋势有以下几点：

1. 高保真印刷将广泛应用

高保真彩色印刷技术应用了新的分色理论和技术，突破了常规四色印刷色域的局限，并且改善了印刷色彩的色度和亮度特性，使印刷品的视觉效果更接近实物，颜色更鲜艳更明亮，层次更丰富更真实，立体感更强。从印刷品表现典雅高贵的气质、生产者追求完美的产品、经营者精益求精的意义上说，高保真彩色印刷技术必将成为印刷企业间技术实力较量的重要筹码，在高端客户市场重新洗牌中，成为赢家手中的大牌。

2. 数字技术成为主流

随着数字化技术的发展，数字印刷以其方便、快捷、低成本和个性化的诸多优势成为印刷发展的主流趋势。

日本印刷产业联合会主席藤田弘道说，数字化是大势所趋，印刷业界必须大力推进数字化工作流程，同时要从印刷标准化做起，传统印刷要与电子媒体等新技术建立有机的融合。柯达保丽光公司首席执行官杰夫·杰克布森说，在DRUPA 2000上，数字印刷在质量、速度和性能上都对传统胶印挑战极大，但是今后十年胶印仍将保持全球技术主导地位。NPES主席雷吉斯·J·戴尔蒙塔格也强调，新技术的发展不会对传统印刷构成“失去利润”的威胁，因为新技术开发了新市场，而不是与传统印刷在业务内竞争。印度印刷工业生产商联合会维仁·恰伯拉也说，与其他地方一样，印度的传统工艺将与现代技术并存，以满足人们不断变化的需要。

3. 网络印刷市场潜力巨大

互联网普及率越来越高，这意味着个性化网页、网络印刷和其他能将互联网与印刷整合在一起的营销方法将变得越来越重要。网络化印刷的优势在于：可为客户或客户的客户增加价值；减少基于价格的竞争，提升交换的费用，提升利润；可作为一种有效的竞争回应，减少运营费用。如韩国的网络书本印刷、新加坡数码工作室的商业卡片印刷、联邦快递金考的产品简介印刷和泰国的数码直印等。

4. 按需印刷将成为市场发展的新动力

近年来，备受关注的“按需印刷”也成为印刷业的焦点之一。柯达保丽光公司首席执行官杰夫·杰克布森说，印刷周期和印量随着先进的数字印刷技术的发展而不断缩减，在这个个性化的年代，按需印刷正成为一种全球性的大趋势。Xeikon公司总裁兼首席执行官阿尔方斯·巴兹则引用数据说明按需印刷将成为未来几年印刷业发展的主要动力。

5. 环保印刷技术为主导方向

环保是维护人类生存环境的永恒主题。印刷产业也应责无旁贷地担负起环境保护的责任。采用环保材料和环保工艺，环境友好，产品无污染，降低浪费，减少废液的产生一直是环保所倡导的。现在的无水印刷就是不使用润版液的胶印印刷。而是采用硅胶排斥油墨来代替传统的润版液排墨，它省去了很多的调机时间，减少了过版纸的浪费。也减少了印刷中各种废液的产生。

思考与练习

1. 印刷术的发明需要什么条件?
2. 中国古代印刷术的发展经历了哪几个主要阶段?
3. 雕版印刷术的特点是什么?
4. 活字印刷术的特点是什么?
5. 试述当代印刷术的现状及其发展趋势。

第二章　印刷综述

【学习目标】

掌握： 1. 印刷的定义

2. 印刷的五大要素

了解： 1. 印刷常用纸张

2. 印刷的分类

3. 印刷工艺流程

【知识要点】

第一节　印刷的定义以及广义印刷与狭义印刷的含义

第二节　印刷的五大要素：原稿、印版、承印物、油墨、印刷机械

第三节　印刷的分类方法、常见的四种印刷方式

第四节　印刷品工艺流程

第一节　印刷的定义

前面的一章中我们了解了印刷的历史，根据国家标准（GB/T 9851.1—2008）《印刷技术术语》中印刷的定义是：使用模拟或数字的图像载体将呈色剂/色料（如油墨）转移到承印物上的复制过程。随着印刷技术的不断发展，已出现了静电印刷，喷墨印刷等方法，因而有新的印刷方法不一定使用压力，所以也不再把机械压力作为印刷的必备条件。我们日常所说印刷的时候，又可以分为广义的印刷和狭义的印刷。

广义印刷：实际上是印前（依据原稿制成印版）、印刷（印版上的图文信息被转移到承印物的表面）、印后加工（把印刷半成品进行表面整饰；装订；容器加工等处理）的总称。

狭义印刷：仅指将印版上的图文信息转移到承印物表面的工艺技术。

第二节　印刷的要素

一般来说，要完成印刷这一过程，就必须包含下面五个要素。

一、原稿

原稿是复制技术中被复制的照片、底片、画稿、印刷品等的总称（图 2-1）。原稿是印刷的依据，原稿质量的好坏直接影响印刷成品的好坏，所以印刷之前一定要选用合

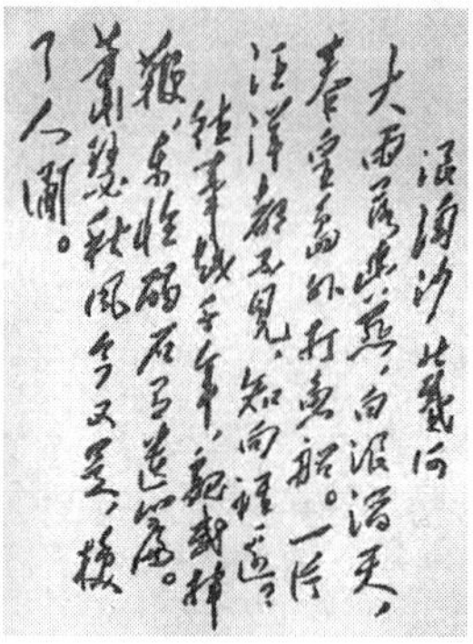

文字

国画

照片

数码照片

图 2-1　各种原稿

适的原稿。原稿的分类方法很多：按照媒质转移到承印物上的方式可分为模拟原稿和数字原稿，按照印刷工艺可分为文字原稿和图像原稿。下面我们主要从模拟原稿和数字原稿两个方面来具体说明：

（一）模拟原稿

模拟原稿是计算机不能识别的，以有形材料为图文信息载体的原稿，例如彩色照片、彩色软片、印刷品、手写稿、打印稿、复印稿等。

模拟原稿又有下面几种形式：

① 反射原稿。以不透明材料为图文信息载体的原稿。

② 透射原稿。以透明材料为图文信息载体的原稿。

③ 连续调原稿。色调值呈连续渐变的原稿。

④ 线条原稿。由黑白或彩色线条组成图文的原稿。

⑤ 彩色正片原稿。以透明材料为图文信息载体的彩色阳片原稿。

⑥ 彩色负片原稿。以透明材料为图文信息载体的彩色（多为补色）阴片原稿。

（二）数字原稿

数字原稿是计算机能够识别的，以电子媒体为图文信息载体的原稿，例如数字文本、数字照片等。

二、印版

印版：用于传递油墨至承印物上的印刷图文载体。印版上吸附油墨的部分为印刷部分，也称为图文部分；不吸附油墨的部分为空白部分，也称非图文部分。印版依据印刷部分和空白部分的相对位置、高低和结构不同，通常划分为凸版、凹版、平版和孔版四类（图 2-2）。印刷部分高于空白部分的印版称为凸版，目前常用的凸版有感光树脂版和柔性版，同时也还使用部分铜锌版，这种印版主要用于书刊中的烫金。印刷部分和空白部分几乎在同一平面的印版称为平版，目前常用的平版有 PS 版，这也是印刷中应用最广泛的一种印版。印刷部分低于空白部分的印版称为凹版，目前常用的凹版是电子雕刻凹版。印刷部分是有一些小孔组成的印版称为孔版，常用的孔版有镂空版、丝网版等。

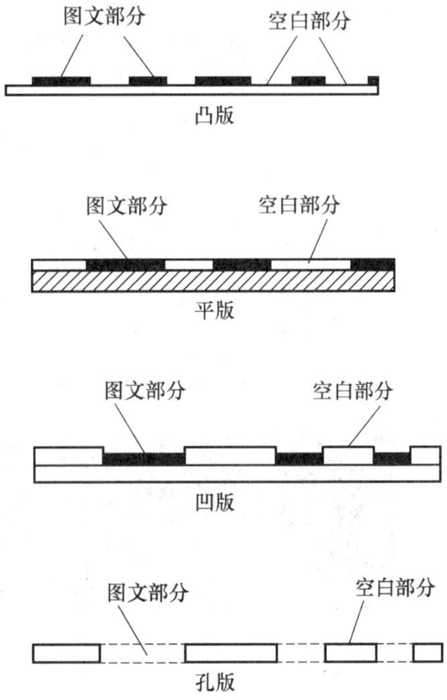

图 2-2　各种印版

三、承印物

承印物是能接受油墨或吸附色料并呈现图文的各种物质。印刷中一般的承印物为纸张。纸张是由纤维、填料、胶料和色料等组成的。

① 纤维。纤维是纸张的基本成分，以植物纤维为主。常用的植物纤维有棉、麻、木材、芦苇、稻草、麦草等。

② 填料。填料可以填充纤维间的空隙，使纸张平滑，同时提高纸张的不透明度和白度。常用的填料有滑石粉、硫酸钡、碳酸钙、钛白等。

③ 胶料。胶料的作用，是使纸张获得抗拒流体渗透及流体在纸面扩散的能力。常用的胶料有松香、聚乙烯醇、淀粉等。

④ 色料。色料的作用是校正或改变纸张的颜色。如加入群青、品蓝可以获得更加洁白的纸张。

常用的印刷用纸见表 2-1 所示。

表 2-1　　常用的印刷用纸

纸张类型	特　点	适用范围
新闻纸	纸质松软，富有较好的弹塑性，吸墨性能较强，油墨能较快地附着在纸面上，纸面经压光机压光后，两面平滑，不易起毛，两面印刷都比较清晰实在，有一定机械强度，不透明性好	适用于报纸、期刊、课本、连环画等正文用纸
凸版印刷纸	特点与新闻纸相似，质量优于新闻纸，纸张的平滑度、抗水性、白度都比新闻纸好，吸墨能力不如新闻纸，但吸墨均匀	凸版印刷纸是广泛使用的书刊纸

续表

纸张类型	特　点	适用范围
胶版印刷纸	胶版印刷纸是比较高级的书刊印刷用纸，对白度、伸缩率和表面强度有较高的要求，酸碱性也应接近中性或呈弱碱性，以免影响印刷的效果	适于印制单色或多色的书刊封面、正文、插页、画报、地图、宣传画、彩色商标和各种包装品
铜版纸	铜版纸又称涂料纸（或涂布纸），这种纸是在原纸上涂布一层白色浆料，经过压光而制成的。纸张表面光滑，白度较高，纸质纤维分布均匀，厚薄一致，伸缩性小，有较好的弹性和较强的抗水性能和抗张性能，对油墨的吸收性与接收状态十分良好	铜版纸主要用于印刷画册、封面、明信片、精美的产品样本以及彩色商标等
白版纸	白版纸伸缩性小，有韧性，折叠时不易断裂	主要用于印刷包装盒和商品装潢衬纸

印刷纸的规格与计量

（一）印刷纸的规格

一般印刷用纸有两种，即平板纸和卷筒纸（图 2-3）。

平板纸　　　　卷筒纸

图 2-3　平板纸和卷筒纸

平板纸幅面按国标 A 型系列有：880mm×1230mm；890mm×1240mm；900mm×1280mm，另外现用的国内习惯幅面有：787mm×1092mm，850mm×1168mm，这两种幅面虽还用，但逐渐以国标尺寸为准，进入规范化标准。

最常用的纸的规格是 787mm×1092mm，也称为正度纸；889mm×1194mm，也称为大度纸。

卷筒纸常用的尺寸有 1575mm，1562mm，880mm，850mm，1092mm，787mm 等。

卷筒纸的长度一般为 6000m。

（二）定量和厚度

定量是指单位面积纸张的质量，通常把定量为 250g/m^2 以下的称为纸。印刷纸的定量，最低为 25g/m^2，最高为 250g/m^2。定量分为绝干定量和风干定量。前者是指完全干燥，水分等于零的状态下的定量，后者是指在一定湿度下达到水分平衡时的定量。通常所说的定量是指后者。定量的测定要在标准的温湿度条件下［温度（23±1)℃］相对湿度（50%±2%）进行。

在技术方面，定量是进行各种性能鉴定（如强度、不透明度）的基本条件。在实用方面，定量是决定单位重量所具有的使用面积。

厚度是在规定一定面积、一定压力的条件下所测纸张两个表面之间的垂直距离。纸的厚度与纸的基本规格没有直接关系，但对印刷品的使用者和出版者来说，厚度是一个十分重要的质量指标。

厚度与定量有着密切的关系，厚度大的纸一般定量也比较高。但二者之间也不是简单的正比关系，既有的厚度小的纸反而比厚度大的纸定量高，这是由于紧度（密度）不同所产生的影响。

（三）令重

500 张全张纸做一令。令重表示一令纸的总质量。国际上也有以 480 张或 1000 张为一令的，在涉外纸张业务和使用进口纸时，应该特别注意这一点。

通常所说的平版纸的令重，并不是该令纸的实际重量，而是按该品种纸的标准定量推算出来的重量。

令重的计算公式

$$\text{令重(kg)}=\frac{\text{纸张的幅面}(\text{m}^2)\times 500\times\text{定量}(\text{g/m}^2)}{1000}$$

四、油墨

油墨是印刷过程中被转移到承印物上的成像物质。一般由色料、连结料、填充料与助剂组成。

印刷油墨（图 2-4）的主要组成成分如下：色料（颜料、染料）、连结料、填充料、辅助剂。

（一）色料

色料是油墨中的呈色物质。

色料可以分为：

① 颜料。颜料是有色、白色或黑色的有机或无机材料，不溶于连结料，悬浮于油墨基液中。

② 染料。在使用中溶于油墨系统的有机化合物，以分子形式存在。

图 2-4　油墨

颜料和染料的区别：颜料是不透明的，而染料几乎是透明的，颜料的耐光，耐晒性能较好，而染料的耐光，耐晒性能较差。颜料在油墨中不溶解，而染料可以溶解于油墨中。一般印刷用的油墨中采用颜料做色料。

（二）连结料

在传统印刷工艺中，连结料通常是溶于矿物油的树脂。颜料能极好地分散在连结料中，其颗粒被连结料所形成的壳包围。这层壳保护分散的颜料颗粒，并防止凝聚和沉积。连结料在纸基上干燥（凝固），从而使颜料固定在纸上。

（三）填充料

填充料是白色，透明，半透明，或不透明的粉末状物质。主要起填充作用，适当地采用填充料可以减少油墨的成本，还可以改变油墨的一些性质如：黏度、流动性等。常用的填充料有氢氧化铝、硫酸钡、碳酸镁、碳酸钙等。

（四）辅助剂

在制造油墨的过程中，按照油墨的配比，配制出来的油墨在某些方面仍然不符合要求，这时就需要在油墨中填加一些辅助剂，辅助剂的作用是为了改善油墨本身的一些性能。常用的辅助剂有干燥剂、防干燥剂、撤黏剂、增塑剂等。

五、印刷机械

印刷机械是用于生产印刷品的机器、设备的总称。印刷机械包括印前、印刷、印后、质检等一些机器。

① 印前。照相机、电分机、扫描仪、激光照排机、晒版机、电雕机、直接制版机。

② 印刷。印刷机。

③ 印后。联动装订机（折页、切纸、包封）、切纸机、覆膜机、上光机、模切机。

④ 质检。放大镜、密度计、色度计、分光光度计。

印刷机是完成印刷的最主要设备，是实现印刷过程用的机器。

印刷机的分类

（1）按印版种类分类

① 凸版印刷机。使用凸版完成印刷过程的机器。现在的凸版印刷机大多采用柔性版作为印版，主要在食品包装中使用，像不干胶印刷机，塑料薄膜印刷机等。

② 平版印刷机。使用平版完成印刷过程的机器。目前，绝大部分平版印刷机都是胶印机，像国外一些品牌有海德堡印刷机、罗兰印刷机、高宝印刷机等；国内的一些品牌有北人印刷机、光华印刷机等。

③ 凹版印刷机。使用凹版完成印刷过程的机器。凹版印刷机的承印材料有纸张、塑料薄膜等，主要用在包装装潢等领域，凹版印刷产品有颜色鲜艳，印刷表面凹凸不平，具有一定的防伪功能等特点。

④ 丝网印刷机。使用丝网版完成印刷过程的机器。丝网印刷机的承印材料有玻璃、织物等，承印物的表面可以是各种曲面形状，这是其他类型的印刷机所不能具备的。丝网印刷机有手动丝网印刷机、半自动丝网印刷机、全自动丝网印刷机。

（2）按使用纸张形式分类

① 单张纸印刷机。使用单张纸的印刷机。

② 卷筒纸印刷机。使用卷筒纸的印刷机。

（3）按印刷色数和面数分类

① 单色印刷机。一个印刷过程中，只在纸张的一面印刷一种墨色的印刷机。图 2-5 为北人单色印刷机。

② 双色印刷机。一个印刷过程中，在纸张的一面印刷两种墨色的印刷机。

③ 多色印刷机。一个印刷过程中，在纸张的一面印刷两种以上墨色的印刷机。图 2-6 为北人多色印刷机，图 2-7 为潍坊华光精工多色印刷机，图 2-8 为德国海德堡多色印刷机。

④ 双面单色印刷机。一次走纸能够完成承印物正、反面各一色印刷的印刷机。

⑤ 双面多色印刷机。一次走纸能够完成承印物正、反面各两色以上印刷的印刷机。

图 2-5 北人单色印刷机

图 2-6 北人多色印刷机

图 2-7 潍坊华光精工多色印刷机

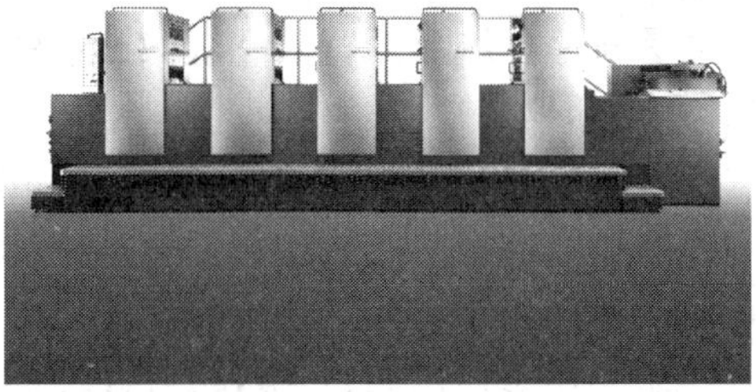

图 2-8 德国海德堡多色印刷机

第三节 印刷的分类

一、按媒体转移到承印物上的方式分类

直接印刷是印版上图文部分的油墨直接转移到承印物表面的印刷方式。

间接印刷是印版上图文部分的油墨，经中间载体的传递，转移到承印物表面的印刷方式。

直接印刷的印版的图像一般是反向图像，间接印刷的印版的图像一般为正向图像（图 2-9）。

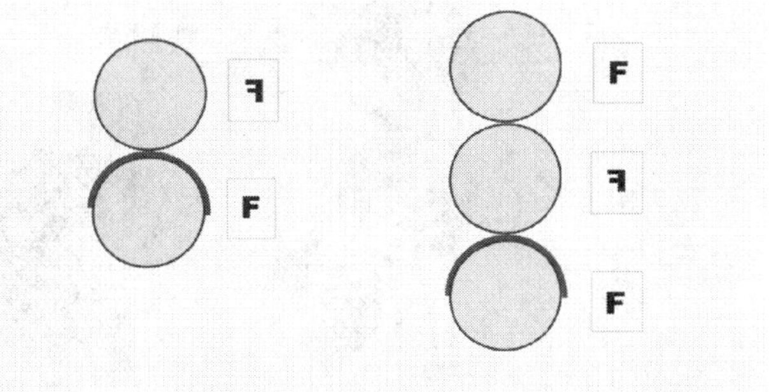

图 2-9 图像正反向

二、按印版的表面结构分类

（一）凸版印刷

凸版印刷是用凸版施印的一种印刷方式。

凸版印刷是使用铅合金的活字版、铅版、铜锌版、塑料版、柔性版等印版的印刷方式。目前柔性版应用比较广泛，其他类型印版基本上已经被淘汰。一般采用直接印刷。

凸版印刷的印刷原理（图 2-10）：墨辊首先滚过印版表面，使油墨黏附在凸起的图文部分，然后承印物和印版上的油墨相接触，在压力的作用下，图文部分的油墨便转移

图 2-10　凸版印刷原理示意图

到承印物表面。由于印版上的图文部分凸起，空白部分凹下，印刷时图文部分受压较重，油墨被压挤到边缘，用放大镜观察时，图文边缘有下凹的痕迹，墨色比中心部位浓重，用手抚摩印刷品的背面有轻微凸起的感觉。

（二）平版印刷

平版印刷是用平版施印的一种印刷方式。

平版印刷起源于石版印刷，它是一种间接印刷，现在一般所说的平版印刷大多指间接印刷的胶印。

平版印刷是使用 CTP 板材，PS 版、平凹版、多层金属版、蛋白版、石版、珂罗版（玻璃为版基）等印版，目前 CTP 版材，PS 版应用较多，其他类型的印版基本上被淘汰了。印刷原理是利用油、水不相溶的原理进行印刷的方式。

印刷时，先由水辊向印版供给润湿液（主要成分是水），使空白的部分吸附水分，形成水膜，然后由墨辊向印版供给油墨，因为油水不相溶，这时空白部分已形成水膜，空白部分不能黏附油墨，图文部分黏附油墨，再施加压力，图文部分的油墨经橡皮滚筒转移到承印物表面（图 2-11）。

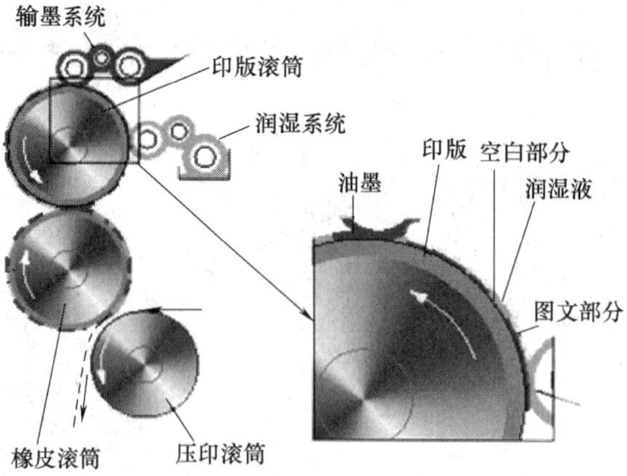

图 2-11　平版胶印印刷原理示意图

平版印刷的产品有报纸、书刊正文、精美画报、商业广告、挂历、招贴画等。

（三）凹版印刷

凹版印刷是用凹版施印的一种印刷方式。

凹版印刷是使用手工或机械雕刻凹版、照相凹版、电子雕刻凹版等印版的印刷方式，为直接印刷。

印刷时，先使整个印版表面涂满油墨，然后用特制的刮墨机构，把空白部分油墨去除，图文部分因下凹，油墨不能去除，再在较大的压力作用下，将油墨转移到承印物表面。由于印版图文部分凹陷的深浅不同，填入孔穴的油墨量有多有少，这样转移到承印物上的墨层有厚也有薄，墨层厚的地方，颜色深；墨色薄的地方，颜色浅，颜色的深浅在印刷品上得到了再现（图 2-12）。

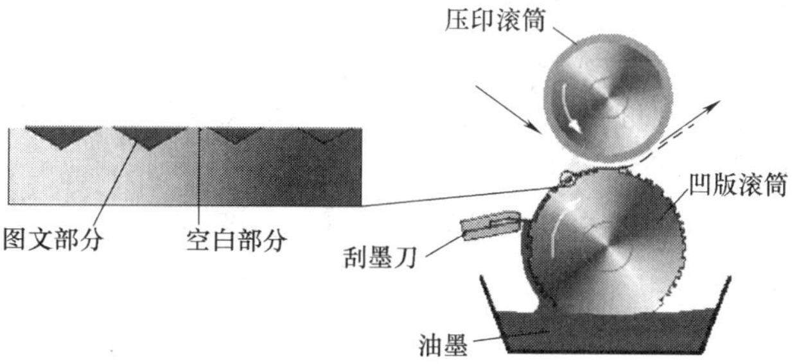

图 2-12　凹版印刷原理示意图

凹版印刷的主要产品有有价证券、钞票、精美画册、烟盒、纸制品、塑料制品、包装装潢材料等，这些产品墨色浓重，阶调、颜色再现性好。

（四）孔版印刷

孔版印刷是印版的图文部分可透过油墨漏印至承印物上的印刷方法。分为丝网印刷、誊写版、打字蜡版和镂空版印刷。大多采用直接印刷。

孔版印刷的印刷原理，如图 2-13 所示。

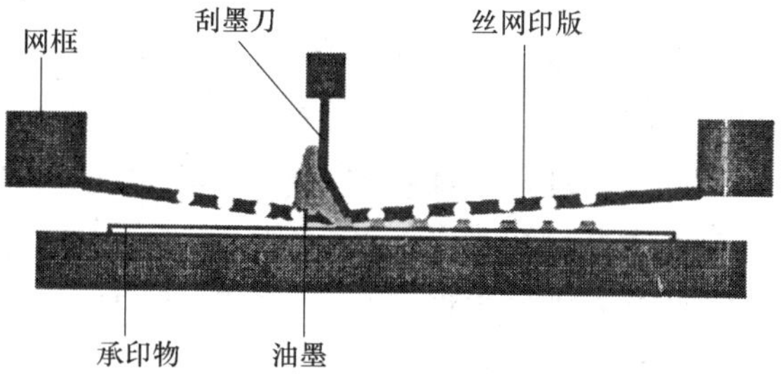

图 2-13　孔版印刷原理示意图

印刷时，先把油墨堆积在印刷的一侧，然后用刮板或压辊，边移动边刮压或滚压，使油墨透过印版的孔洞或网眼，漏印到承印物表面。孔版印刷的成品，墨层厚实，有隆起的效果，用放大镜观察时，隐约可见有规律的网纺。这是由于印刷图文被制作在经纬织的丝绢，尼龙、金属网上所造成的。孔版印刷，可以用手工进行，也可以机器印刷。孔版印刷机为平面和曲面两种。能够在平面、曲面、厚、薄、粗糙、光滑的多种承印物上的印刷。孔版印刷的主要产品有商业广告、包装装潢材料、印刷线路板、名片以及棉、丝织品等。

三、按印刷品的色彩分类

可以分为单色印刷和多色印刷。

单色印刷：一个印刷过程中，只在承印物上印刷一种墨色。

多色印刷：一个印刷过程中，在承印物上印刷两种及两种以上的墨色。

四、按印刷品的用途分类

可以分为常规印刷和特殊印刷。

（1）常规印刷　通常把纸张作为承印物的印刷称为常规印刷。普通的书籍、画册等印刷一般采用常规印刷。

（2）特种印刷　采用不同于一般制版、印刷、印后加工的方法，或采用特殊的材料生产特殊用途的印刷品的印刷方式。铁皮、玻璃、织物等一些材料的印刷采用特种印刷。

第四节　印刷工艺流程

狭义地讲，印刷工艺流程是指从原稿到印刷品制成的生产处理过程，通常可分为印前、印刷和印后三个过程。在科技发展的不同阶段，这三个过程有不同的内容和形式。

一、印刷工艺流程的三个过程

（一）印前

印前的流程一般包括：

① 接受客户资料，明确设计及印刷要求，原稿可以是客户直接提供，也可以根据客户的要求，印前人员进行制作。

② 根据客户的要求，对原稿进行设计修改，包括输入文字、图像、创意和拼版。

③ 出黑白或彩色校稿、让客户修改。

④ 按客户提出的修改意见再进行校稿。

⑤ 再次出校稿，让客户修改，直到定稿。

⑥ 让客户签字后出胶片（也称菲林）。

⑦ 印前打样。

⑧ 送交印刷打样，让客户看是否有问题，如无问题，让客户签字。印前设计全部工作即告完成。如果打样中有问题，还得修改，重新输出胶片。

⑨ 出完胶片后，出印版。

（二）印刷

印前工作主要是出印版，在印前我们已经选择了所要使用的印刷方法，常见的印刷方法有凸版印刷、平版印刷、凹版印刷和孔版印刷，根据产品的情况选择合适的印刷机进行印刷。

（三）印后

印后加工工序有裁切、装订、覆膜、烫金、模切压痕等。根据印刷品的要求选择合适的印后加工方式。还有包装、送货、收款等。

二、印刷工艺流程的整合

总的来说印刷工艺流程可以用图 2-14 来表示：

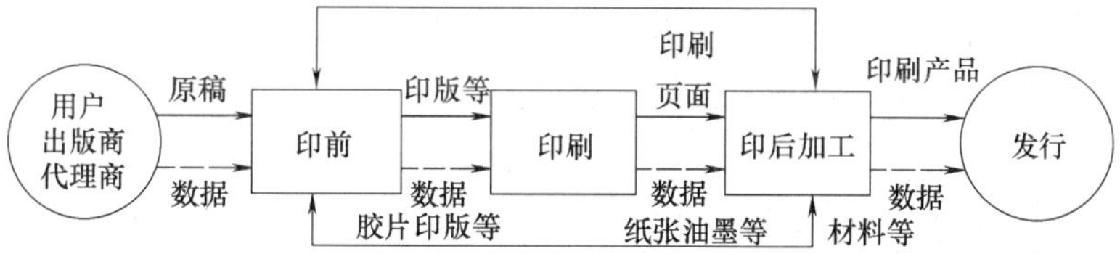

图 2-14　印刷工艺流程

思考与练习

1. 什么是原稿？举出模拟原稿和数字原稿的例子。
2. 传统印刷有几大要素？各要素在印刷过程中起什么作用？
3. 常用的印刷用纸都有哪些？都有什么特点？
4. 原稿大致可分为几种？它们各有何特征？
5. 印版是如何分类的？
6. 从不同的角度对印刷分类。
7. 简述印刷复制的常规工艺流程。

第三章　印前图文信息处理及印版制作

【学习目标】

掌握： 1. 文字信息处理的基础知识和计算机排版的工艺过程

2. 彩色桌面出版系统的工艺过程

3. 不同印刷方法的常用制版方法

了解： 1. 加网原理和颜色分解与合成原理

2. 打样的作用和方法

【知识要点】

第一节　文字排版的基础知识，文字信息处理的发展阶段

第二节　图像的加网原理与方法，颜色再现原理，加网制版的工艺方法

第三节　印版制作与打样

第一节　文字信息处理

文字信息处理，也称文字排版，是依据文字原稿及对印刷品的要求，确定适当的字体、字号、行距、字距、版式等，并利用文字信息处理设备对文字原稿依据版面设计的要求组成规定版式的工艺过程。由此可见，文字信息处理的主要内容是进行版面设计和排版。印前文字信息处理经历了活字排版、照相排版，发展到目前的计算机排版三个阶段。

一、文字排版的基础知识

（一）文字字体

字体是一种规范化了的文字书写体式。不同的字体代表不同的风格。因此在排版时酌情选用不同字体对印刷品的外观和质量有着重要的作用。

1. 汉字字体

宋体	旧时王谢堂前燕
仿宋体	朱雀桥边野草花
楷体	春潮带雨晚来急
黑体	**独怜幽草涧边生**

图 3-1　经典汉字字体

汉字是世界上最古老的文字之一，经过长期的发展演变，有了一些符合人们审美要求和阅读习惯的常用的字体（图 3-1）：

（1）宋体　字形规范，棱角分明，结构严谨，端庄稳重，使人在阅读时有一种醒目舒适的感觉，是现在最通行的一种印刷字体，常用于书刊报纸的正文和标题。

（2）黑体　字形端庄醒目，横平竖直，笔画等粗，均匀稳重。常用作标题或重点按语。

（3）楷体　笔形规范，结构稳定，柔和匀称，美观流畅。书刊中常用作小标题或表示着重点；也常用于文件、通报、诗歌、按语、表格或注释的排版。

（4）仿宋体　兼有宋体结构和楷书笔法，粗细一致，清秀挺拔。书刊中常用仿宋体字作为标题字、作者名或穿插在正文间的引文、献词，杂志中也用它排整段文字。

除了以上几种常用字体外，还有隶书体、魏碑体、姚体、牟体和艺术字体等。在计算机排版时代，使字体的创新达到了新的高度。

2. 民族、外文字体

我国是一个多民族国家，许多少数民族都有本民族的文字。如蒙文、维吾尔文、朝鲜文、藏文、哈萨克文等。字体有白正体和黑正体。

在印刷中常用的外文字母有拉丁文、俄文和希腊文字母等。外文字体常用的有白正体、黑正体、白斜体、黑斜体、花体等（图 3-2）。

	外文字体
白正体	ABCDEFGHIJKLMNOPQRSTUVWXYZ
黑正体	**ABCDEFGHIJKLMNOPQRSTUVWXYZ**
白斜体	*ABCDEFGHIJKLMNOPQRSTUVWXYZ*
黑斜体	***ABCDEFGHIJKLMNOPQRSTUVWXYZ***
花体	ABCDEFGHIJKLMNOPQRSTUVWXYZ
歌德黑体	ABCDEFGHIJKLMNOPQRSTUVWXYZ
歌德白体	ABCDEFGHIJKLMNOPQRSTUVWXYZ
方头正体	ABCDEFGHIJKLMNOPQRSTUVWXYZ
方头斜体	*ABCDEFGHIJKLMNOPQRSTUVWXYZ*
俄文	АВСДЕФГНЫЪКЛМИОРЩЯЗТПЦШХУЖ авсдефгныъклмиорщязтпцшхуж
希腊字母	ΑΒΞΔΕΦΓΗΙϑΚΛΜΝΟΡΘ∂ΣΤΠΥΩΧΨΖ αβξδεφγηιφκλμνορθιστπυωχψζ
罗马数字	Ⅰ Ⅱ Ⅲ Ⅳ Ⅴ Ⅵ Ⅶ Ⅸ Ⅹ
日文平假名	あいうえおかきくけこさしすせそたちつてと なにぬはひふへほまみむむめも
日文片假名	アイウエオカキクケコサシスセソタチッテ トナニヌハヒフヘホマミムメモ

图 3-2　常用外文字体

（二）印刷文字的大小

文字排版是需要根据内容选用大小合适的文字进行排版。常用的计量文字大小的方法有号数制和点数制。国际上通用点数制，中国现在采用的是以号数制为主、点数制为辅的混合制。

1. 号数制

号数制是用号数的大小表示文字尺寸的大小。号数越小，字形越大，反之，号数越大，字形越小。它是以互不成倍数的三种活字为标准，加倍和减半自成系统，有四号字、五号字、六号字三个系统。例如，五号字系统中包括初号、二号和七号字，它们与五号字成倍数关系。由此可见，同一系统中的字大小为倍数关系（图 3-3）。

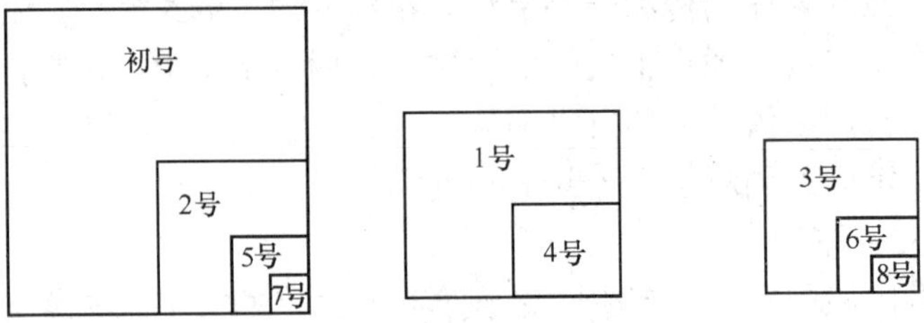

图 3-3　各种字号之间的倍数关系

2. 点数制

点数制是用“点”作为衡量文字尺寸大小的单位，是国际上通用的印刷字形大小的计量方法。“点”的英文是“Point”，缩写为“P”，每点等于 1/72in，为 0.35146mm。点数制与号数制的换算关系参见表 3-1。

表 3-1　　点数制与号数制对照表

号　数	点　数	尺寸/mm	号　数	点　数	尺寸/mm
	72	25.305	三号	16	5.623
大特号	63	22.142	四号	14	4.920
特号	54	18.979	小四号	12	4.218
初号	42	14.761	五号	10.5	3.690
小初号	36	12.653	小五号	9	3.163
大一号	31.5	11.071	六号	8	2.812
一号	28	9.841	小六号	6.875	2.416
二号	21	7.381	七号	5.25	1.845
小二号	18	6.326	八号	4.5	1.581

（三）版面设计与排版规格

排版前，应首先进行版面设计，然后根据版面设计要求进行排版。以书刊为例，设计主要确定下列内容。

1. 开本大小

开本是用于计量书或纸张的幅面大小的，开本的计算方法是：把一张按照国家标准分切好的平板原纸称为全开纸，把全开纸裁切成 1/2，1/4，1/8，1/16，1/32，1/64，分别称为对开、四开、八开、十六开、三十二开、六十四开，其中十六开、三十二开是最常用的开本形式。由于全开纸的规格不同，所以切成的开本大小也不同（图 3-4）。

2. 排版形式

确定使用横排或竖排。

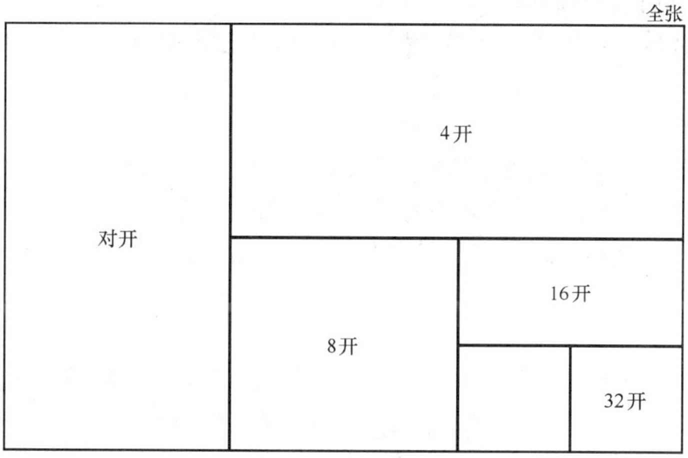

图 3-4　印刷开本示意图

3. 正文

应确定版心的大小、位置、正文的字体、字号、字距、行距、段距、分栏数、栏间距等。

4. 标题

标题分为一级标题、二级标题……标题设计应规定出不同等级的标题的字体、字号、位置，与正文之间距离等。设计标题字号时应注意不能小于正文字号。

5. 页码

确定页码的位置、字体、字号。

6. 书眉

为便于读者查阅，把版心的上端加印的篇、章、节标题以及字典的部首、字头或者其他专供检索的条目等称为书眉。书眉文字一般用六号字，只排一行为佳。

7. 其他版面设计元素

还包括折页方式、页码安排、规矩线、版面的艺术性和均衡感等。

另外在排版过程中还应该遵循文字排版中的禁排规定。

二、文字信息处理的发展

（一）活字排版

1. 排版材料

活字排版材料包括活字、着墨材料和非着墨材料。

① 活字。是用铅合金铸成的单字，文字部分凸起，空白部分凹下（图 3-5），也称为铅字。

② 着墨材料。印版的着墨部分除活字外，还有标点符号、数学、物理、化学等专业符号、铅线、书边线、装饰线、花边和头花等。由于这些

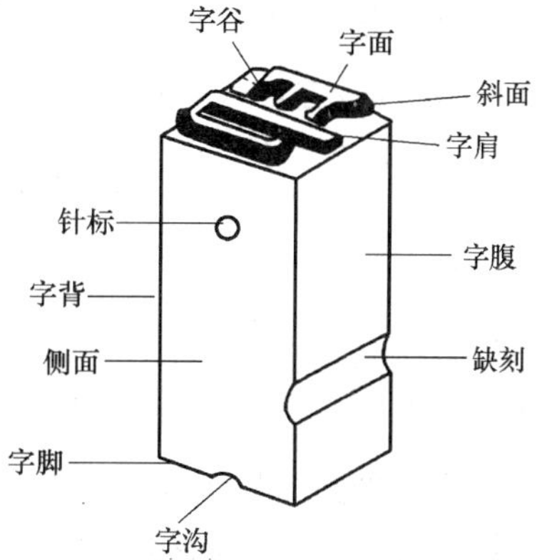

图 3-5　活字形状和各部件名称

是要着墨的，所以它们的高度与活字高度相同。

③ 非着墨材料。印版的非着墨材料即为空白部分，由空铅和铅条组成，其高度低于活字。

2. 排版工艺

活字排版目前已经很少用，其排版工艺流程为：制字模—铸字—拣字—装版—打样—校对—改版—活字版。活字排版有手工排版和机械排版两种工艺。相对于手工铅活字排版而言，使用自动铸排机提高了效率，减轻了劳动强度，但由于不能摆脱铅合金，环境污染依然严重。

（二）照相排版

照相排版是利用光学和照相原理，按预定要求，把需要排版的文字通过光学系统准确拍摄到感光材料上，得到文字的底片或照片，再进行制版印刷。照相排版取代了熔铅铸字的过程，彻底消除了铅污染，减轻了劳动强度，相对于铅活字排版的“热排”而言，被人们称为“冷排”。照相排版经历了四代机的改进过程。

1. 手动照排机

手动照排机即第一代照排机，在 1896 年由匈牙利人普罗兹索尔德（E. Przsolt）发明，1910 年进入实用阶段。

手动照排机结构简单、操作灵活、造价低廉，是早期国内使用最广泛的一种。从外形上看像是打字机和照相机的结合，下面是打字机，上面是照相机，［图 3-6（a）］。

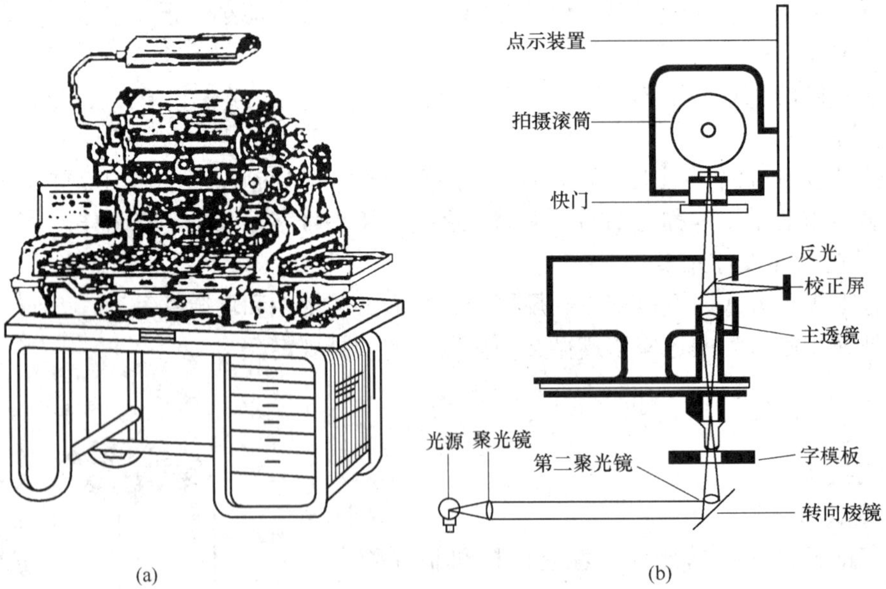

图 3-6　手动照排机

（a）HUZ-1 手动照排机　（b）手动照排机光路图

机器的光路图如图 3-6（b）所示，在最下方的光源，发出的光经过聚光镜射入棱镜，折射后进行第二次聚光，照到玻璃文字盘上，文字盘上的文字是阴字，可容纳 9415 个字，用手移动文字盘，把光源对准需要的文字上并固定。光源通过主镜头，可从取景筒中观察所需要的文字，确认后打开快门，在感光滚筒上曝光，感光滚筒上可装上放大纸或胶片，便获得了文字。

手动照排机的排版过程是依据印品版心规格设计版面，照相排字，对已排字的感光材料冲洗加工处理，交有关人员根据原稿校对、改样，最后获得制版底片。

2. 光电照排机

光电照排机也称为“二代机”。它是在一代机的基础上，将输入装置从手动输入改进为早期的电子计算机控制输入，从而提高排版速度。它由汉字键盘穿孔机、小型电子计算机和照排主机三部分组成。工作过程是用键盘输入文字，文字信息被译成代码存储在纸带等存储介质上，由功能计算机控制文字编排、字体变换等排版功能。操作时，先由人工按原稿在键盘上打出计算机穿孔信号，然后由计算机控制照排机工作，在感光材料上曝光拍摄出文字。

3. 电子照排机

电子照排机也称为“三代机”，或阴极射线管照排机。这种照排机开始使用栅格数字字库替代字模版，由计算机控制将需要的字符信息从字库中读取并显现在阴极射线管的屏幕上，再通过光学系统，成行地将文字投射到感光材料上进行曝光组成版面。

“三代机”是文字模拟处理方式到数字处理方式之间的过渡产品，它不久就被激光照排机所取代。

4. 激光照排机

激光照排机即“四代机”。是在计算机技术和激光技术的基础上出现的以计算机作为输入、排版、激光照排机作为输出的组合设备（图 3-7）。它采用电子计算机对文字、图像进行编辑排版处理，采用激光扫描技术在胶片上或照相纸上做曝光记录（图3-8）。具有文字质量好，输出速度快，版面幅度不受限制的优点。其工艺流程如下：

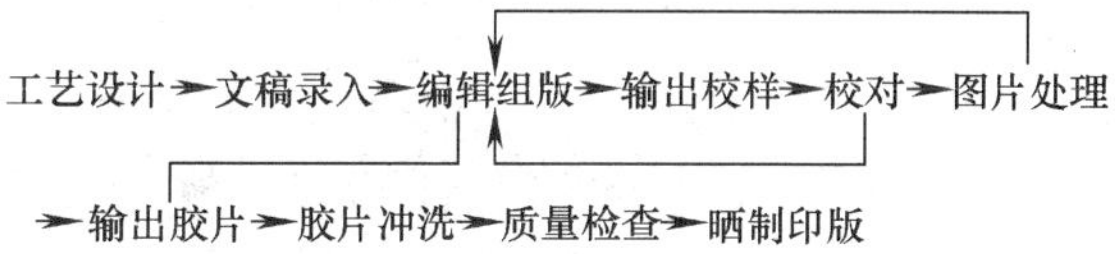

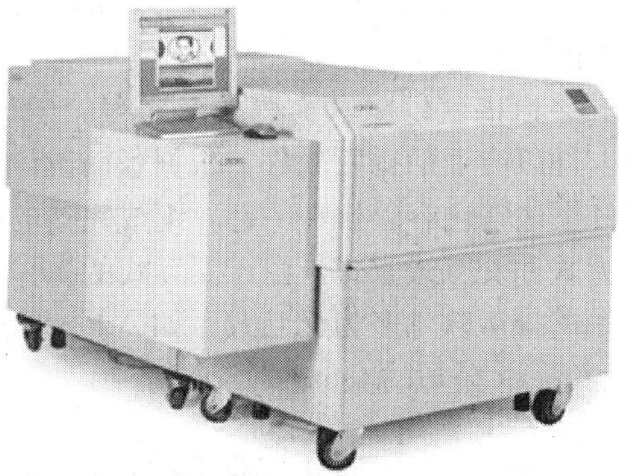

图 3-7 激光照排机的外观

（三）计算机排版

计算机排版是在通用的计算机上，运用各种排版软件进行文字录入、编辑排版以及控制

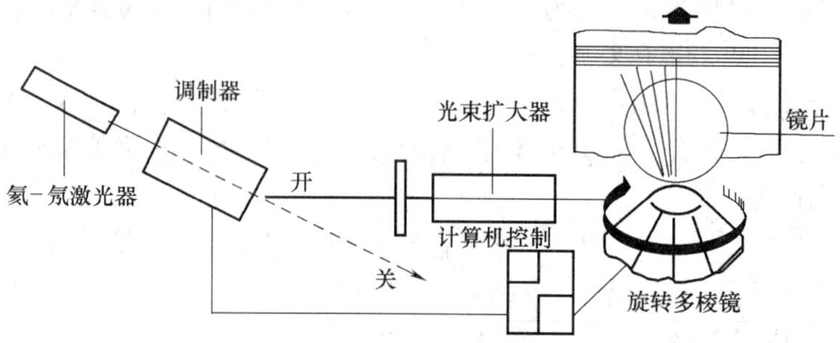

图 3-8 激光照排机工作原理图

激光打印机或激光照排机输出文字的技术和方法。是当今印前文字信息处理的主流方式。

计算机排版系统包括输入设备、处理设备和输出设备三个部分。

1. 计算机文字信息的输入

计算机文字输入的方法很多，根据输入方式不同可分为编码输入和自然输入。编码输入是目前最实用的输入方式。它是通过键盘，根据文字的字形、笔画或拼音把汉字编码，再用代码直接输入。有字形编码、字音编码、音行结合编码和音行义结合编码等。另外还有一个专业编码，如区位码、电报码。自然输入是根据文字的字形或发音整体直接输入。如光电扫描输入、语音识别输入和手写识别输入。

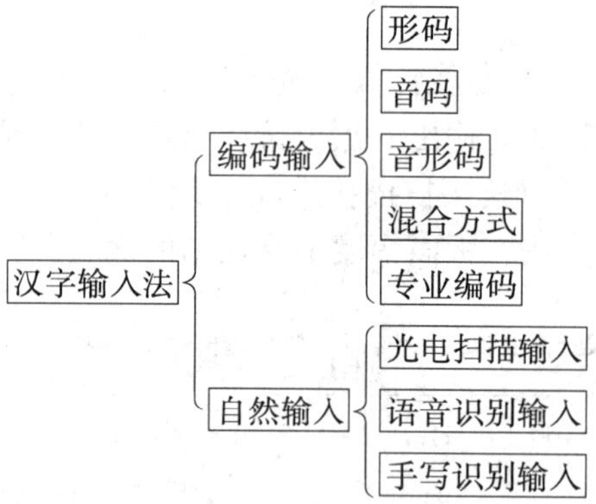

2. 计算机文字信息的处理

完成文字输入后，文字原稿就以电子文稿的形式存储于计算机或其他外置存储器内，可以进行版面编辑，即以专业的排版软件，根据版面设计的要求，将已输入的文字和已制作的图形、图像和图表等内容编排在一起，组成完整的版面。

排版方式有批处理方式和交互式方式。由于交互式的操作直观，所见即所得，易于掌握。所以目前广泛使用的排版软件多为交互式，如 Adobe 公司的 Pagemaker 和 InDesign，北大方正的飞腾，Quark 公司的 QuarkXPress。

3. 计算机文字信息的存储和输出

在计算机排版系统中，汉字的存储和输出有两种方式，即栅格方式和矢量方式。

栅格方式也叫点阵方式，是将文字用网格划分为小的网格点作为存储、显示和输出的单位点。点阵文字的精度与设备有关，存储量比价大，导致处理速度降低。由于点阵文字是以一定精度存储的，所以放大倍数是有限的，不能任意放大。

矢量方式是采用数学的矢量线段描述字形的笔画，即用描述字的外部轮廓的方法来产生字形，因而也称矢量轮廓描述法。最大优点是数据压缩量大，字形美观。可对字形作各种变形和修饰，适合专业排版，能产生高精度、高质量的字形。

第二节　图像信息处理

图像是利用摄影或类似的技术，获得自然景观灰度或颜色深浅连续变化的影像，如果是彩色图像，其色彩也是连续变化的。数字图像可以利用数码相机或者扫描仪扫描获得。图像在印刷之前需要经过一系列处理，才能符合印刷输出的要求。早期的印前图像处理是通过制版照相机设备完成的，后来发展到电子分色机，现在是利用数字印前系统完成对图文的印前处理。

一、连续调图像的阶调复制原理

在印刷中，图像的浓淡深浅变化称为阶调，又称调子或层次。阶调复制又称为调子再现。

为了便于对图像阶调的描述，常常将丰富的阶调划分为四个区域：极高光、亮调、中间调和暗调。

图像中最明亮的部分称为极高光。

图像中较明亮的部分称为高光。它给人以明快感，亮调面积大，图像发灰；亮调过少，图像发闷。

图像中较阴暗的部位称为暗调。在图像中，暗调给人力度感，起骨架支撑作用。

图像中亮度介于亮调和暗调之间的阶调范围称为中间调，它能增强画面的柔和感。

在印刷复制中，如何表示深浅连续变化的图像阶调呢？

可以通过墨层的厚薄变化或单位面积内着墨面积率的变化这两种方法。但在印刷方式中，除了凹版印刷，其他印刷方式从印版上转移至承印物上的墨层厚薄都是一致的，印品上只有着墨和不着墨两种状态，不存在着不同厚度的墨层。所以利用厚度不同的墨层表现颜色深浅变化是难以实现的。因此，在图像复制中，多数采用改变图像单位面积内着墨面积率的大小来表现图像的深浅变化，即采用加网的方法来实现。图像在加网前后的两种不同称谓：

连续调图像：指色调连续变化的图像，多数加网前的原稿图像都是连续调图像。

网目调图像：也称半色调图像，指加网后的图像，它是利用单位面积内着墨面积率的变化模拟图像深浅的连续变化。通过加网，把连续调图像分解成大小不同，黑度相同的网点或者大小相同，密集程度不同的网点。网点大或网点密集的地方，颜色深，为暗调；网点小或网点稀疏的地方，颜色浅，为亮调。

按图像加网方式的不同，可以分为调幅加网和调频加网。

（一）调幅加网技术

调幅加网技术是指网点的间距相等，通过改变网点大小来改变单位面积内的着墨比例，从而体现图像的浓淡层次变化（图 3-9）。

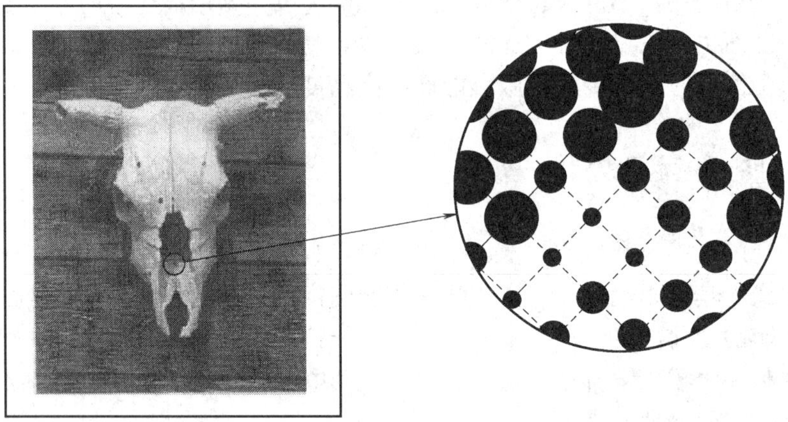

图 3-9　调幅加网复制示意图

调幅加网的可变参数主要有加网线数、加网角度、网点形状和网点面积率。

1. 加网线数

加网线数也称为网目线数，指加网角度方向上，单位长度中包含的网点个数，通常用每英寸（或每厘米）包含的网点个数表示。单位是线/英寸（l/in，简称 lpi）或线/厘米（l/cm）。加网线数反映了网点之间的距离大小，直接影响着图像质量。加网线数越高，单位面积内网点个数越多，图像越精细；反之，图像则越粗糙。但是，由于实际印刷条件的限制，加网线数不可能无限增大，具体的加网线数高低，应该由复制精度、印品用途、承印物性能和印刷机的精度等多个因素决定。精细印刷中，通常使用150～200lpi。

2. 加网角度

加网角度也称网线角度，指相邻网点的连线与水平基准线的夹角。常用的加网角度有 0°（90°）、15°（105°）、45°（135°）、75°（165°）（图 3-10）。从视觉角度看，45°的网点图像最舒适美观，人眼对网点存在的敏感度最低。

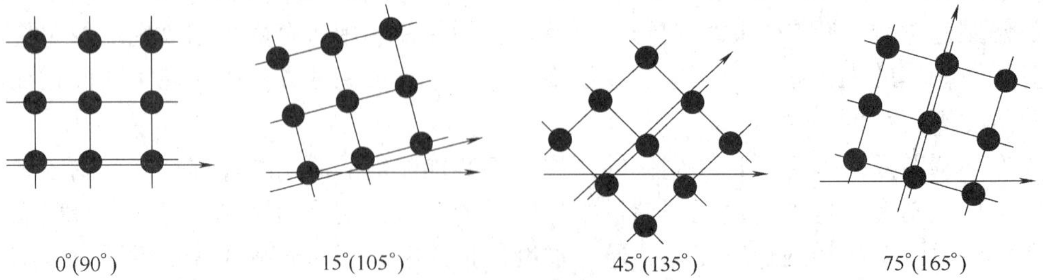

图 3-10　常用的加网角度

两组及两组以上的网点在不同的角度下相交会随角度差的不同而呈现不同的相交网纹，这种纹路有时候会破坏图像的美观，称其为龟纹。如图 3-11 所示。

为了避免较醒目的龟纹，两组网点的夹角必须大于 30°，多色印刷一般采用如下的网点角度分配：

① 单色。45°。

② 双色。深色 45°、浅色 75°。

③ 三色。Y15°、M75°、C45°。

④ 四色。Y0°、M15°、C75°、K45°。

3. 网点形状

网点形状是指单个网点的几何形状。常用的有方形、圆形、椭圆形、链形等。为达到某种特殊效果时还可以选用特殊形状的网点，如砖形，线形等。

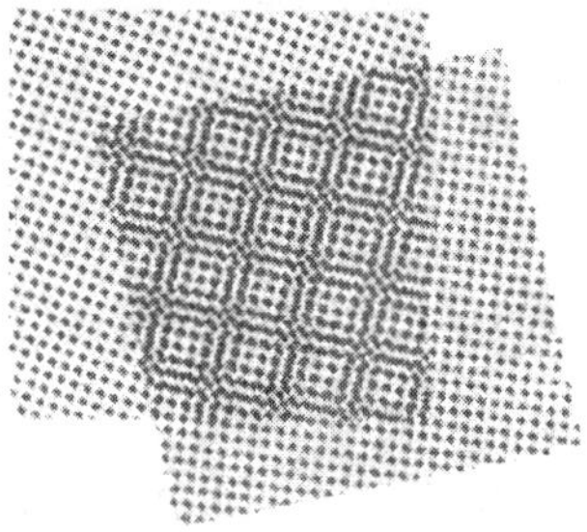

图 3-11　调幅网点的龟纹

4. 网点面积率

网点面积率也称网点百分比，俗称网点大小。是指一个网点在单位面积里所占的比例，或者说是单位面积内着墨的面积率。通常用“成”来表示。如单位面积内着墨面积率是 50％，就称为“5 成网点”；着墨面积为 10％的就称为“1 成网点”。依此类推，一般网点面积率分 10 个阶层。一般连续调图像的暗调部分用 70％～90％的网点表示；中间调部分用 40％～60％的网点表示；亮调部分用 10％～30％的网点表示。100％网点部分称为实地，0％网点部分称为绝网。

（二）调频加网技术

调频加网也称随机加网，是通过单位面积内大小一定的“网点”出现的密集程度（即频率）不同来改变单位面积的网点着墨面积率，从而体现原稿图像的深浅连续变化（图 3-12）。

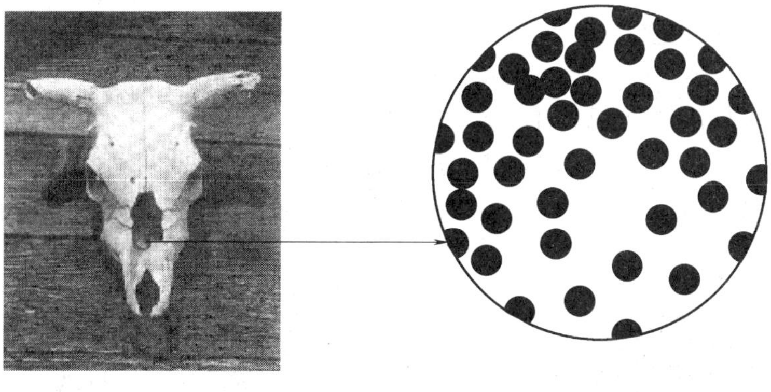

图 3-12　调频加网复制示意图

由于调频加网技术的网点分布是随机的，无需担心产生龟纹问题，所以特别适合于四色以上的高保真、高质量彩色印刷中使用。

调幅加网对图像中间调的还原有明显的优势。调频加网则能够很好地还原图像的细节部分。目前结合调幅加网和调频加网的优势又开发出来的一种新型加网技术——混合加网技术。混合加网技术在充分利用了调频加网的优点，同时还保持了调幅网点良好的印刷适性，所以，采用混合加网技术能够实现很好的图像再现效果。

二、彩色图像的颜色再现原理

一张彩色原稿中的色彩繁多而丰富，在印刷中用什么办法将彩色原稿的色彩完整地反映出来，是印刷的关键所在。在印刷复制中，要使丰富的色彩能得以复制，必须对原稿进行颜色分解和颜色合成这两个过程。

在自然界中，光和色是密切联系的，没有光就没有色。红（R）、绿（G）、蓝（B）为三原色光。它们通过不同的比例混合，可以得到其他色光，而它们三个之中的任一色光却不能用其他色光混合而成。这三种色光等量混合，就成为白色光。

两种或两种以上的色光混合得到新色光的方法称之为色光加色法。三原色光加色混合规律如图 3-13 所示。

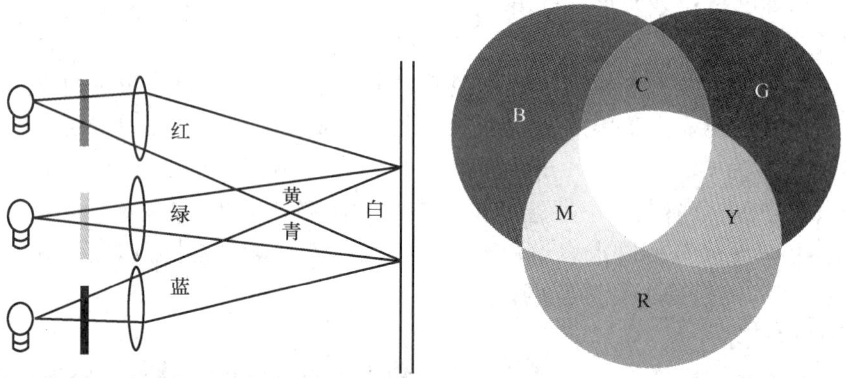

图 3-13　色光加色法示意图

红光＋绿光＝黄光　　R＋G＝Y

红光＋蓝光＝品红光　R＋B＝M

绿光＋蓝光＝青光　　G＋B＝C

黄（Y）、品红（M）、青（C）称为三原色料。它们通过不同的比例混合，可以得到其他色料，而它们三个却不能有其他色料混合得到。这三种色料等量混合，可以得到黑色料。

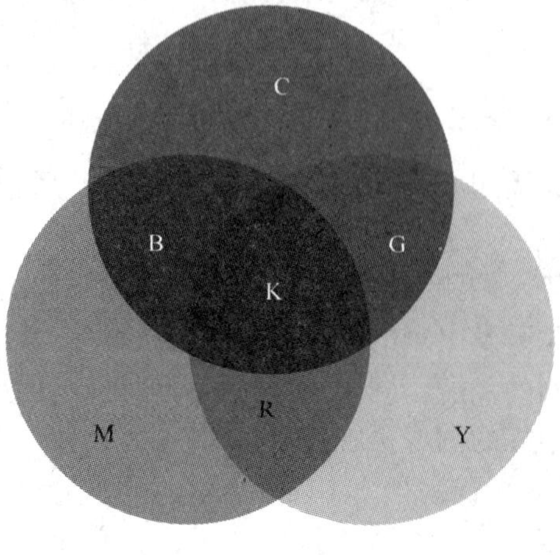

图 3-14　色料减色法示意图

我们把用色料从白光中减去一种或几种单色光，而呈现另一种颜色的方法称为色料减色法。三原色料减色混合规律如图 3-14 所示。

品红＋青＝蓝　M＋C＝B

品红＋黄＝红　M＋Y＝R

青＋黄＝绿　　C＋Y＝G

（一）颜色分解

颜色分解是根据减色法原理，利用红、绿、蓝三种滤色片对彩色原稿进行分色拍摄或扫描，得到代表原稿的青、品红、黄三种分色图像信息的过程。即获得分色片或者分色的数字图像。

滤色片的性能是透过本色光，吸收其他两种原色光。所以，用红滤色片分出来的是青分色片，用绿滤色片分出来的是品红色片，用蓝滤色片分出来的是黄分色片。图 3-15 以一幅包含黑、白、红、绿、蓝、青、品红、黄各色色块的典型原稿为例来分析颜色分解的过程。

（二）颜色合成

颜色合成是根据分色图像信息分别制作成青版、品红版、黄版，印刷时分别用青、品红、黄三原色油墨着墨，再在承印物上逐一叠加，从而再现原稿彩色的过程。

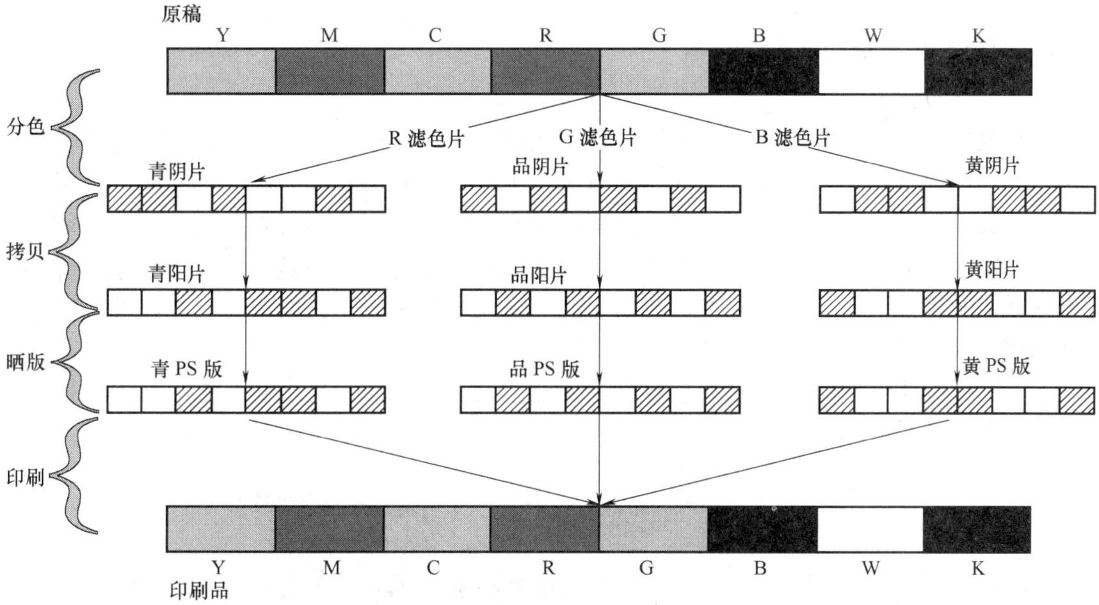

图 3-15　颜色分解与合成原理图

当白光照射到原稿上时，原稿上反射或透射的青光、品红光、蓝光、白光透过蓝滤色片，并使全色感光片感光，通过对感光片的冲洗加工，便得到一张黑白图像的阴图片，我们称这张阴图片为黄版阴图片（也称黄阴图原版）；同样，原稿上反射或透射的青光、黄光、绿光、白光透过绿滤色片，也可得到一张黑白图像的阴图片，我们称这张阴图片为品红版阴图片（也称品红阴图原版）；原稿上反射或透射的黄光、品红光、红光、白光透过红滤色片，便得到一张黑白图像的阴图片，我们称这张阴图片为青版阴图片（也称青阴图原版）。至于原稿上的黑色块，由于白光照射到其表面上时，黑色块对所有的光线都吸收了，没有光线反射或透射到感光片上，所以在 Y、M、C 三分色阴图片上没有形成阴影密度。这样，经过色分解我们便得到黄、品红、青色料三原色的分色阴片了。

根据胶印印刷工艺，晒版中使用的黄、品红、青三色原版应该使用阳图原版，将分色得到的三色阴图片拷贝成三色阳图片，利用三色阳图片分别晒制黄、品红、青三色 PS 印版。再将这三色 PS 版安装到印刷机上，分别把黄、品红、青三色油墨逐次叠印到承印物上，按色料减色法合成色彩原理，套印得到的印刷品就再现了原稿上的八种颜色，从而实现了色彩的合成。

但在实际印刷中，由于黄、品红、青三色油墨叠加在一起时所表现出来的黑度不够，为了加强图像暗调部位的黑度，在印刷中增加了一块黑版来进行印刷，所以在彩色印刷中并不是三色印刷，而是四色印刷。

三、传统的照相制版工艺

照相制版是使用制版照相机，利用光学成像原理对彩色图像原稿进行颜色分解，用网屏对图像加网，再通过必要的手工图像修正，对图像和文字进行手工拼版的制版技术。

（一）照相制版常用的设备和材料

1. 照相机

制版过程中使用照相机进行图像处理，照相分色、照相拷贝等。其工作原理是采用光学装置按照预定的尺寸要求，将原稿图像清晰地拍摄在感光片上。照相机一般由机架、镜头、暗箱、原稿架、感光架和光源等组成。其中机架是整机的基础；原稿架用来安放需要复制的原稿；镜头是照相机成像的重要光学装置；暗箱是用伸缩皮腔连接镜头与感光架的箱体，在拍摄中起到避光作用；感光架主要用于安放网屏、感光片等；光源为拍摄提供良好的照明及为感光片提供适度光能量。

印刷中使用的制版照相机一般有卧式照相机（图 3-16），立式照相机、吊式照相机三种类型（图 3-17）。

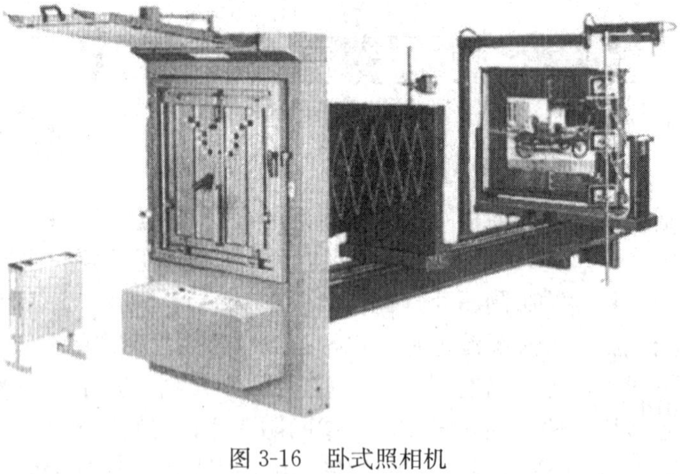

图 3-16 卧式照相机

2. 网屏

网屏是一种把连续调图像分解成可印刷复制的像素（网点、网穴）的加网工具。像素是构成图像的基本单元，通常在图像制版中，网点就是组成图像的像素。照相制版中早期使用投影网屏（玻璃网屏）（图 3-18），后来多用接触网屏。拍摄连续调原稿时，在光路中加入网屏可以获得网目调底片。

3. 滤色片

又称滤色镜，是可以选择性的吸收一部分可见光，透射另一部分可见光的薄片。照相制版时，加在镜头前，可以对彩色原稿进行分色照相。常使用的是 R、G、B 三种滤

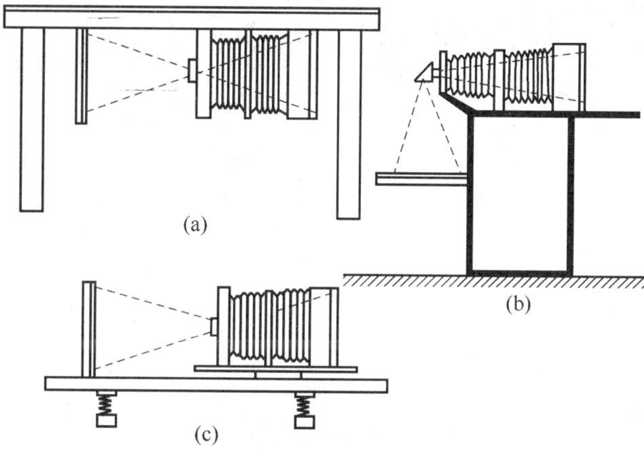

图 3-17 吊式、立式、卧式照相机示意图
(a) 吊式照相机示意图 (b) 立式照相机示意图 (c) 平卧式照相机示意图

色片（图 3-19）。

图 3-18 照相制版时的网屏，用于生成网点

图 3-19 滤色片

4. 感光片

感光片是一种将感光乳剂涂布在支撑体上而形成的感光材料。在照相制版中是必不可少的成像材料。常使用的是银盐感光材料，其感光乳剂是卤化银（氯化银、溴化银、碘化银等）。通常，照相用的感光片是由保护层、感光乳剂层、结合层、片基和防光晕层等多层物质组成（图 3-20）。

图 3-20 感光片的结构

保护层在乳剂层之上，用来保护乳剂层不受损伤。乳剂层是感光材料的核心，是成像物质。片基是感光材料的支撑体，若片基是玻璃则称为干版，若片基是涤纶则称为胶片或软片，若片基是纸则称为相纸。防光晕层是把透过感光膜层的光线吸收掉，防止反射光线在图像上造成光晕，同时也可防止感光片的卷曲。在各层之间有结合膜以保证各层之间结合的牢固程度。

（二）单色连续调原稿的照相工艺

单色连续调原稿在照相工艺中需要完成的处理内容有图像的放大或缩小；图像的加网，将原图拍摄成制版底片。

其工艺流程如图 3-21 所示。

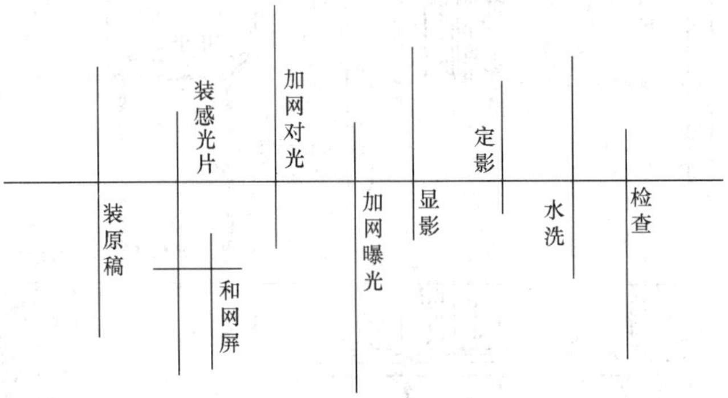

图 3-21　工艺流程图

（三）彩色连续调原稿的照相工艺

彩色连续调原稿的照相，不仅需要将图像变成网目调，还需要进行分色，获得 C、M、Y、K 网目调分色底片。若加网、分色同时在拍摄过程中完成，需要在光路中既加滤色片又加网屏，这种分色、加网同时进行的方法称为直接加网工艺。若分色在拍摄过程中完成，加网在拷贝过程中完成，这种加网、分色分步完成是方法称为间接加网工艺。

直接加网工艺过程为：

相机准备→加网屏→选择滤色片→感光片准备→曝光→曝光后的冲洗加工

上述过程，每次选择 R、G、B 不同的滤色片，分别得到 C、M、Y 分色片。对于 K 分色片，常用加黄滤色片或者轮流使用 R、G、B 滤色片的方法拍摄获得。

四、电子分色加网工艺

电子分色扫描机，简称电分机，是应用光电扫描技术将彩色原稿直接制成符合制版要求的加网分色底片的制版设备。制版照相机是通过镜头，对原图进行瞬间整体曝光摄影成像，电分机则是将一幅图像分解成若干像素，通过对像素逐点光学扫描并转换为电信号，经过处理后，再将电信号转换为光信号，记录在感光片上成像。电分机的结构图如图 3-22 所示。

扫描输入部分内部装有扫描输入滚筒和光源；曝光记录部分包括安装感光片的滚筒

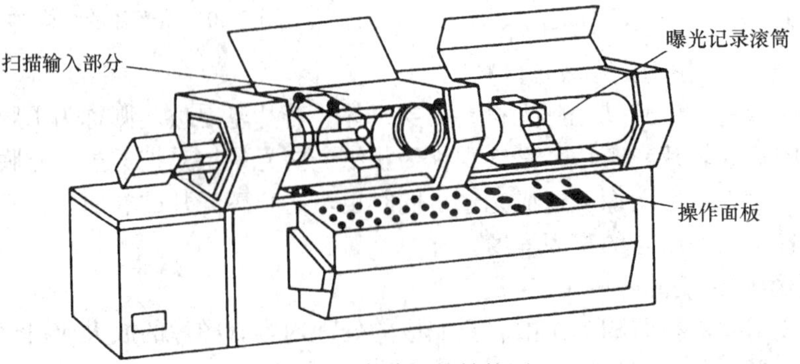

图 3-22　电分机的结构图

和曝光记录光源。扫描输入系统采集原稿的光信号，并将其转变成电信号，输给信号处理系统，操作者根据制版要求，对信号进行修正调整，如色彩校正、层次校正、细微层次强调、黑版计算、倍率变化等。然后将信号送给记录系统，再转换成光信号，记录在感光片上。

电分机的扫描输入部分和曝光记录部分的结构和工作原理同于现在的数字印前系统的输入和输出部分，关键区别在于，电分机的信号处理系统处理的仍然是模拟电信号，而数字印前系统的计算机主机处理的是数字信号。

五、彩色桌面出版系统与工艺

彩色桌面出版系统（Desk Top Publishing），缩写为 DTP，或称电子出版系统，因其小巧可放置在桌面上而得名。

彩色桌面出版系统，是问世于 20 世纪 90 年代的新型印前处理系统，由桌面分色和桌面电子出版两部分组成。相对于电子分色机来说，DTP 的处理文字功能更强大，能更方便快捷地制作图文合一效果。

彩色桌面出版系统，从结构上分为信息输入、信息处理和信息输出等三大部分（图 3-23）。

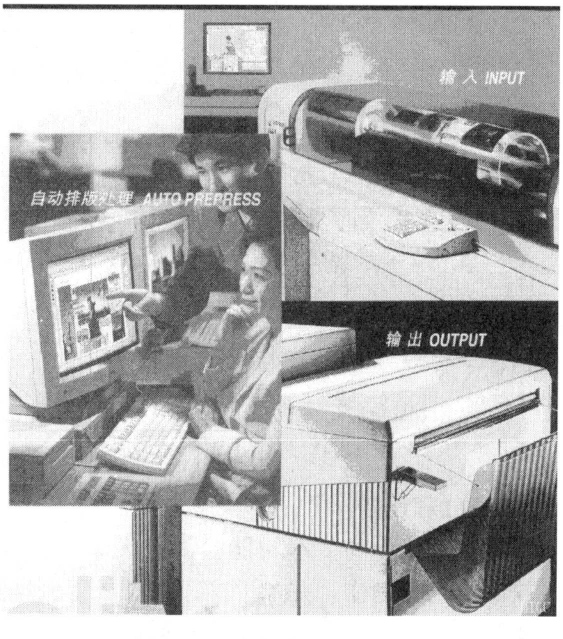

图 3-23 彩色桌面出版系统

（一）信息输入设备

输入设备的基本功能是将原稿的图文信息输入系统。文字输入与计算机排版系统相同，如键盘录入、OCR 等方法；图像的输入可以采用多种输入设备，如：扫描仪，电子分色机、摄像机、绘图仪以及卫星地面接收站等。较为常见的是扫描仪。

扫描仪按原稿架不同有平台式和滚筒式两种，用于彩色桌面出版系统的扫描仪应具有适合印刷要求的输入分辨率、色彩位数和扫描密度范围。

1. 输入分辨率

指每英寸采样的点数，用 dpi 表示。dpi 和网点线数 lpi 有以下的关系：

输入分辨率（dpi）＝网点线数（lpi）×缩放率×加网系数

系数一般为 1～2。随着放大倍率的增加，要求的分辨率随之增大。反射原稿的放大倍率较小，以 5 倍计算，1500dpi 即可。透射原稿的幅面较小，以 10 倍计算，3000dpi 才行。有的扫描仪分辨率已达 6000～8000dpi。实际使用的分辨率，取决于输出分辨率和图像的缩放倍率。

2. 色彩位数和扫描密度范围

色彩位数指某种颜色用多少二进制位表示，如8位、16位、24位、36位等。扫描密度范围指扫描仪能探测到的最亮和最暗处的密度差。通常扫描密度范围越大，色彩位数越多，扫描仪能捕捉和分辨的细节就越多。一般来说，滚筒扫描仪比平台扫描仪有更大的密度范围。

此外，要求扫描仪能提供标准的通用数据格式，准确可靠地接受工作站的控制，具有环境自动校正功能，能够对外界是光的干扰补偿，同时，在保证达到扫描仪主要技术指标的前提下，扫描速度越快越好（图3-24、图3-25）。

图3-24　爱克发公司的
DuoScan T2500彩色平台扫描仪

图3-25　海德堡
Primescan滚筒扫描仪

（二）信息处理设备

信息处理设备的基本功能是对进入系统的原稿信息进行加工处理，例如校色、修版、拼版和创意制作，并加上文字、符号等，构成完整的图文合一的页面，再传送到输出设备。

目前，使用的计算机有苹果机（MAC）、PC机和工作站等（图3-26）。可用于桌面系统的硬件和软件多种多样，在选择时应该考虑处理速度、处理容量、系统网络、中文环境等方面。

1. 处理速度

图像处理要求对图像中的点逐点处理，数据量很大，需要计算机具有很高的速度，应使用较高档次的微机或工作站。

2. 处理容量

图像处理由于对输入分辨率和输出分辨率的要求越来越高，因此要求工作站处理数据的容量越来越大。同时还要求存贮有大量现成的图库和字库。

3. 系统网络

彩色桌面出版系统的工作要是联网工作，多台计算机共同完成一个任务，分享价格昂贵的输入、输出设备。因此，需要选配合理的系统网络和网络服务器、文件服务器来支持。

4. 中文环境

随着国内外的各种应用软件迅速开发，不可能将国外的新型应用软件一一汉化后再在国内使用，这就要求工作站有良好的中文环境以及良好的兼容开放性能，它能把新开发的外文软件，直接移植到系统的中文环境中，而且不出现任何问题（图 3-27）。

MAC 计算机

PC 计算机

图 3-26　dpi 加工处理设备

Adobe pagemaker

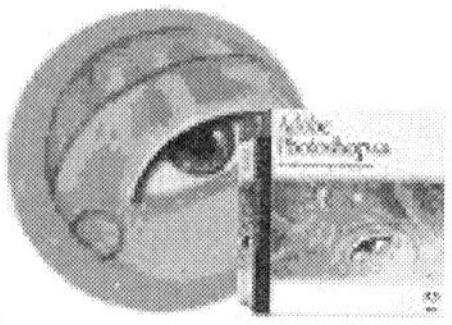

Adobe photoshop

Adobe Illustrator

图 3-27　DTP 处理软件

（三）信息输出设备

输出设备是彩色桌面出版系统生成最终产品的设备。主要功能是将处理好的页面信息记录到相应的介质上。常见的信息输出设备有高精度的激光照排机和光栅图像处理器（RIP）两部分组成。激光照排机是将计算机处理的文字图形信号通过激光扫描的方式在胶片上成像，经显影后成为黑白底片。光栅图像处理器（RIP）的主要作用是将计算机制作版面中的各种图像、图形和文字解释成打印机或照排机能够记录的点阵信息，然后控制打印机或照排机将图像点阵信息记录在纸上或胶片上。RIP 有硬件 RIP 和软件 RIP 之分。硬件 RIP 由一个高性能计算机加上专用芯片组成；软件 RIP 由一台高性能通用微机加上相应的软件组成。为了达到印刷对图像处理的要求，必须考虑激光照排机和 RIP 的输出分辨率、输出重复精度、输出加网结构、输出速度等性能指标。

1. 输出分辨率

输出分辨率也叫记录分辨率、记录精度，是指照排机在单位长度内可以记录的光点数量。通常以每英寸记录的点数（dpi）来表示。记录分辨率越高，激光光点的尺寸越小，光点的密集程度越高。

文字分辨率一般在 700～900dpi。图像分辨率 60l/cm 的网点，分辨率要求 2400dpi，70l/cm 的网点则要求 3200dpi。

2. 输出重复精度

重复精度是指各色版上图像位置的准确程度，通常以第一色版和最后一色版重叠的误差计算。单色印刷品不需要套印，对套准精度要求不高，但对于彩色印刷来说，如果套印精度不够，印刷出来的印刷品各种颜色之间会出现错位、色块之间出现漏白、小号字体出现重影等现象，因此照排机的重复精度对彩色印刷制版来说是至关重要的。

高档精美印刷品，套准精度要求最大允许误差为 5μm。一般印刷品如手册、书刊，套准精度允许误差为 20～25μm。低档印刷品如彩色报纸，套准精度允许误差为 25～50μm。

3. 输出加网结构

加网是 RIP 的重要功能，加网质量直接影响印刷品的质量。为保证彩色图像复制，要求能够输出不同的网点线数和网点形状的网点。

4. 输出速度

输出速度取决于 RIP 的解释速度，照排机的性能和网络传递速度。一般来说，硬件 RIP 速度快，软件 RIP 速度慢。在输出相同质量分色片的前提下，速度越快越好。

此外，输出设备还应具有标准接口和汉字输出的能力，输出的幅面能达到印刷的要求等。

彩色桌面出版系统的输出设备还有各种彩色打印机，如激光打印机（图 3-28）、喷墨打印机（图 3-29）、热升华打印机以及各种多媒体载体（幻灯片制作机、光盘、录像机等）。

图 3-28　图像输出设备——激光打印机

图 3-29 图像输出设备——喷墨打印机

（四）高端联网

彩色桌面出版系统与现有的各种型号的电子分色机相联，充分发挥各自的特长，综合完成图的处理任务，叫做高端联网，这是桌面系统的又一种工作方式。

一般来说，由传统的电分机承担图像的输入输出和常规的图像处理，即 USM，校色，层次调整，加网等处理，然后由 DTP 系统实现文字处理和复杂的图像处理以及创意设计，拼版等的特殊制作，最终得到理想的成品。

高端联网，不仅充分发挥了电子分色机输入分辨率较高，图像处理质量好，幅面大的优点，而且又融合了桌面系统可以图文同时处理、版面组合灵活快捷、人工创意新颖、整页数据可重复存取的特长，达到事半功倍的效果。

第三节　印版制作

一、凸版制版

凸版制版技术分两类，一类是传统凸印版的制作，另一类是柔性版制版。

（一）传统凸印版的制作

1. 铜锌版制版

铜锌版的制版是通过照相的方法，把原稿上的图文信息拍摄成正向的阴图软片，然后把正向阴图软片与涂布有感光胶的铜锌版密附在一起进行曝光，曝光后的铜锌版经显影、坚膜处理，再用腐蚀液将印版上的空白部分腐蚀，最后通过去膜处理得到凸起的印版。

由于铜锌版属于即涂感光版，因此在制铜锌版之前要对铜或锌板的表面进行处理，以及涂布感光液。铜锌版的制版工艺过程如图 3-30 所示。

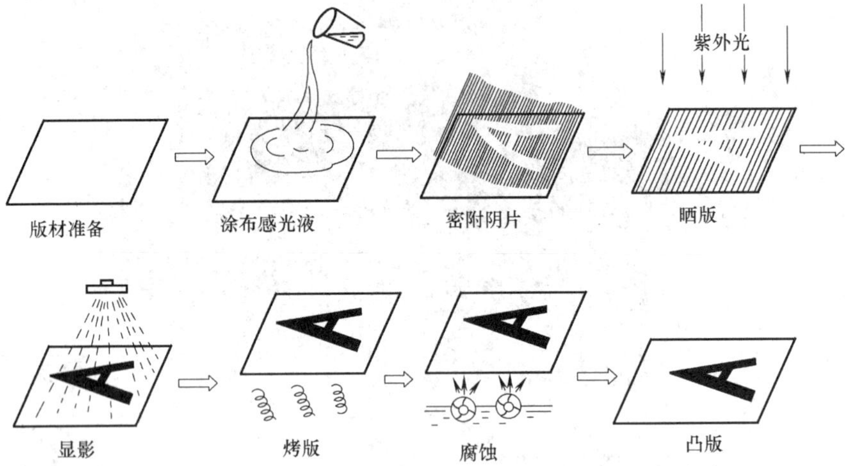

图 3-30　铜锌版的制版工艺过程

版材的准备及表面处理→感光液的涂布→曝光→显影→坚膜→烤版→修版→腐蚀→整版。

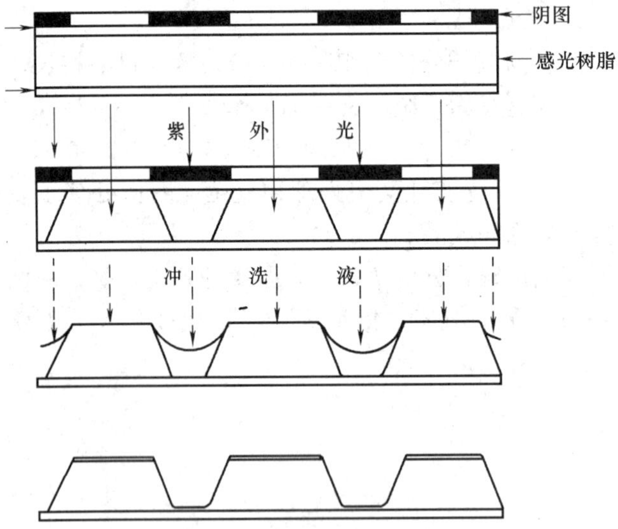

图 3-31　液体感光树脂版制版工艺

2. 感光树脂版制版

感光树脂版是以感光树脂为材料，通过曝光、冲洗而制成的光聚合型凸版。分固体型和液体型两大类。

在这一部分中，我们以液体感光树脂版的制版来讲述感光树脂版制版工艺，如图 3-31 所示。

液体感光树脂版的制版工艺包括涂布、曝光（正面曝光和背面曝光）、冲洗、后处理等工序。

（1）涂布　即将感光液涂布在印版上。在液体感光树脂版的涂布中，常用的涂布方式有铺流法和注入法两种，涂布过程完成之后即可进入下一道工序。

（2）曝光　将刚涂布完成的液体版放置到晒版机中，对带有曝光装置的涂布机，当涂布好液体感光胶之后，盖上上玻璃板即可进行曝光。涂布形成的液体感光树脂版，先用晒版机上的下紫外光源对液体版进行背面曝光，然后再对正面的图文进行曝光，反过来也可，一般来说，正面曝光的时间是背面曝光时间的 10 倍左右。对于注入方式涂布的印版，则可直接用晒版机中的上紫外光源进行曝光处理。

（3）冲洗　冲洗是把曝光后的液体感光树脂版放入冲洗机内，用浓度为 3%～5%

的氢氧化钠（NaOH）溶液进行冲洗，冲洗液的温度一般控制在35℃左右，从而使未见光的感光树脂溶解，形成印版的空白部分，印版上留下的树脂则形成印版的图文部分。

（4）后处理　将冲洗后的感光树脂版，在红外线的作用下干燥，待干燥后再进行一次后曝光，其目的是增加印版的耐印率和保持印版的尺寸稳定。

（二）柔性版制版

柔性版印刷所使用的版材主要有两大类，即橡皮版材和感光性树脂柔性版材。橡皮版的制作主要采用手工雕刻或者模铸，目前从世界范围来看，使用橡皮版的多为模铸橡皮版。感光性树脂柔性版材现在被广泛使用。

柔性感光树脂版也称光敏树脂柔性版，它是一种预涂感光版，其结构和晒版过程如图3-32所示。

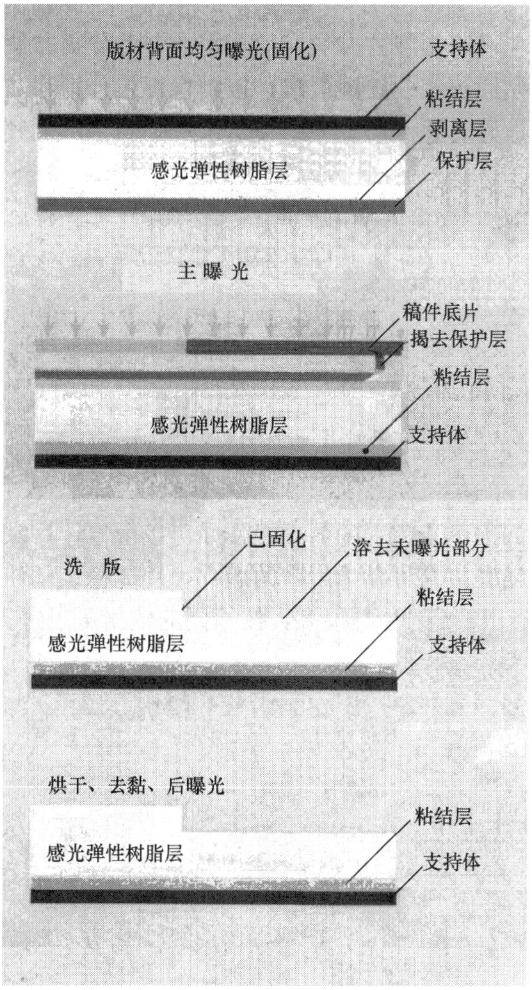

图3-32　柔性感光树脂版的结构和晒版过程

（1）背面曝光　背面曝光时间相对于正面曝光时间来说较短，背面曝光的作用主要是用来建立印版的浮雕和加强聚酯片基支撑层与感光树脂层之间的黏附力。背面曝光是从聚酯片基层方向进行曝光，曝光时间可由背面曝光测试来确定。

（2）主曝光　主曝光是通过负片原版在印版上形成印刷的图文，印版上见光的感光树脂通过聚合反应形成交联网状的高分子化合物，其不能被溶剂溶解。

（3）冲洗　将印版上没有曝光的感光树脂冲洗掉从而使印版形成浮雕。在冲洗过程中是通过冲洗溶剂和刷子的运动来洗掉未曝光的感光树脂。

（4）干燥　干燥的目的就是通过热风干燥排出所吸入的溶剂而使印版恢复到原来的厚度，保持套印准确性。

（5）去黏　去黏处理的目的就是去除印版表面的黏性，使用的光源是短波方向的紫外光。

（6）后曝光　后曝光的目的是使印版发生彻底的交联聚合反应，从而使印版达到最大的交联强度，提高印版的耐印率。后曝光是对干燥的印版进行全面的曝光。

此外，还有一种数字式柔印制版技术，采用专用的版材和数字制版机数字成像，然后再通过背面曝光、主曝光、冲洗、烘干、去黏、后曝光等步骤完成数字制版过程。数字制版实现了无软片制版，网点变形小，网点精细、清晰，适合高质量的柔印产品。但目前的弊端在于价格高昂。

二、平版制版

平版制版的方法有很多，有多种分类方法。例如，按晒版使用的底片类型可分为阳图制版法和阴图制版法；按制版工艺分即涂法和预涂法，还有计算机直接制版法。其中预涂感光版（即 PS 版）的用途最为广泛，计算机直接制版发展最为迅速，这里就主要介绍这两种制版方法。

（一）预涂感光版的制版

预涂感光版（即 PS 版）具有预制性，其生产过程如图 3-33 所示。

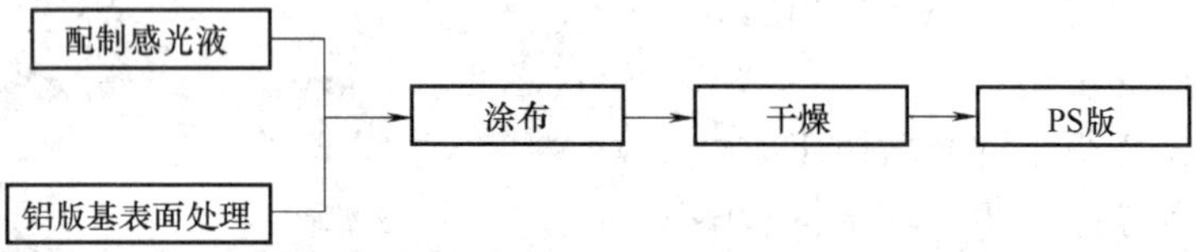

图 3-33　预涂感光版生产过程

上述流程中的各项操作，可以由专业厂家进行连续的大规模生产，制成版材作为商品出售。这种批量生产的版材，性能稳定，使用方便，比较适应高速印刷的要求。

PS 版的种类很多，按不同的依据可以进行如下分类：

- 按光化学反应不同分
  - 光聚合型
  - 光分解型
- 按版基材料的不同分
  - 铝版基
  - 纸版基
  - 薄膜片基
  - 多层金属版基
- 按使用的原版图像分
  - 阴图型：晒版使用的原版图像是阴图
  - 阳图型：晒版使用的原版图像是阳图

纸版基和薄膜片基 PS 版常用于轻印刷系统。多层金属版基 PS 版耐印力高，但成本昂贵且有污染，只在极少数情况下使用。通常 PS 版广泛使用铝版基。

阳图型 PS 版采用阳图原版制版，对原稿的适应性很强，耐印力较高，分辨力也较高。我国使用的 PS 版，以阳图型 PS 版为主。

阳图型 PS 版的制版工艺流程：

曝光→显影→后处理→打样

（1）曝光　用光照射感光涂层，以获得一种潜在或可见图像的过程，如图 3-34 所示。操作是将阳图底片与 PS 版密合，用晒版机晒制印版。

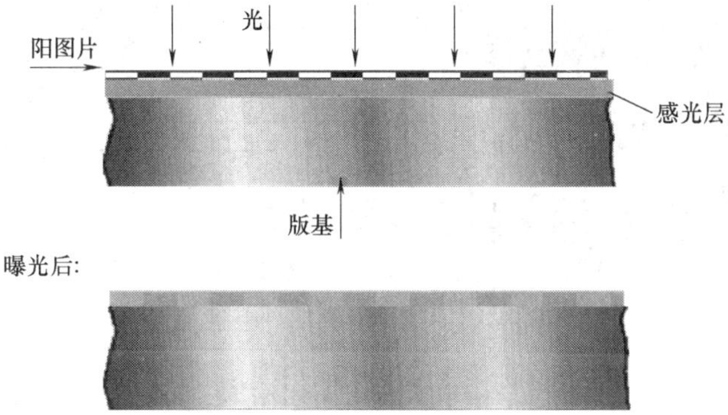

图 3-34 曝光过程

（2）显影 用还原剂把软片或印版上经曝光形成的潜像显现出来的过程，如图 3-35～图 3-38 所示。

即：非图文部分感光层溶解，露出亲水性版面，图文部分保留下来。

显影可用手工显影，也可用 PS 版显影机进行显影。

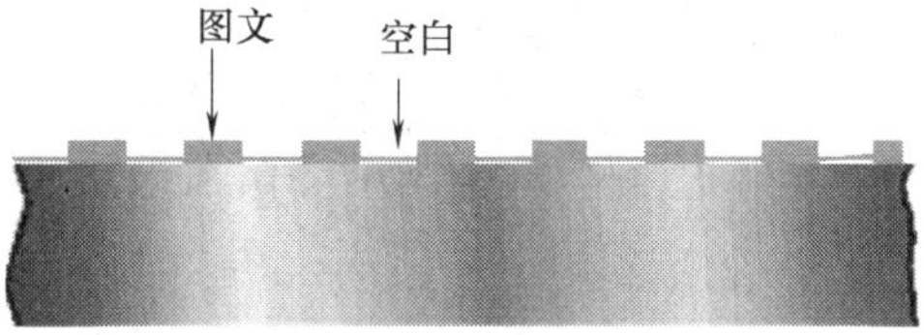

图 3-35 显影过程

（3）后处理 包括除脏、修补、烤版、涂显影墨、上胶等过程。

① 目的。使印版更符合印刷工艺要求。

② 除脏。将版面上不需要的部分或脏点，用除脏液除去。

③ 修补。将版面上残笔断划，不完整的地方修补好。

④ 烤版。目的是要提高印版的耐印力。

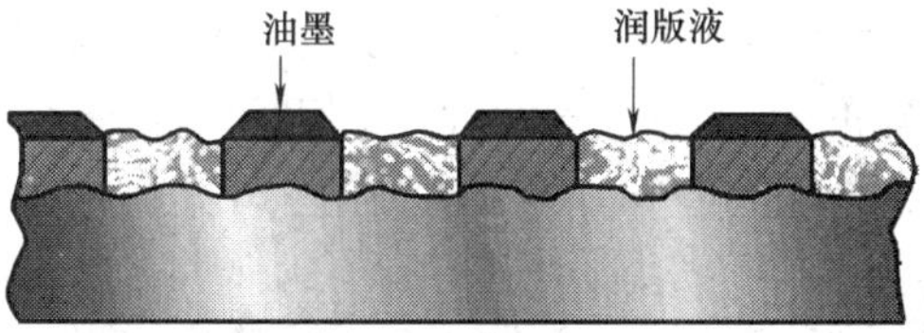

图 3-36 PS 版晒版机

⑤ 涂显影墨。提高图文部分的亲墨能力。

⑥ 上胶。对版面起保护作用。

（4）打样 正式印刷前，要打印样张进行检验。

目的。检验制版质量；向用户提供校样；为正式印刷提供用色依据。

打样印刷。

（二）计算机直接制版

1. 计算机直接制版（Computer to plate，简称 CTP）就是用计算机把原稿文字图像经数字化处理和排版编辑，直接在印版上进行扫描成像，然后通过显影、定影等后处理工序或免后处理制成印版。

计算机直接制版系统一般需用到直接

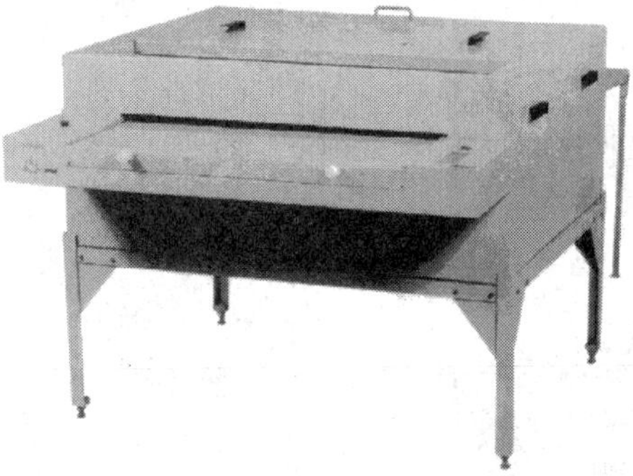

图 3-37 PS 版冲版机

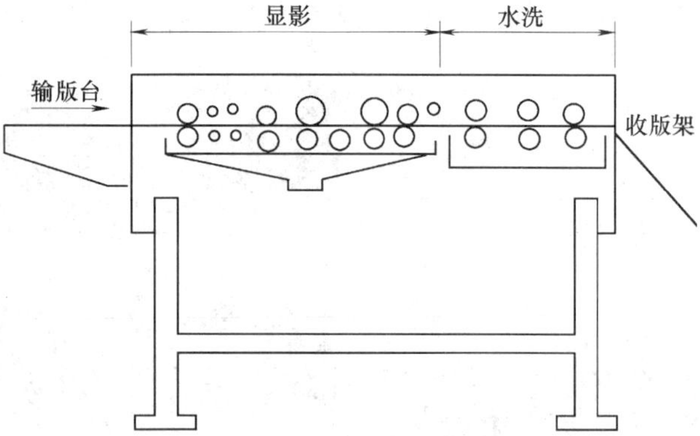

图 3-38 PS 版冲版机示意图

制版机和专用印刷版材。

CTP 直接制版机由精确而复杂的光学系统、电路系统以及机械系统三大部分构成。其工作原理是由激光器产生的单束原始激光，经多路光学纤维或复杂的高速旋转光学裂束系统分裂成多束（通常是 200～500 束）极细的激光束，每束光分别经声光调制器按计算机中图像信息的亮暗等特征，对激光束的亮暗变化加以调制后，变成受控光束。再经聚焦后，几百束微激光直接射到印版表面进行刻版工作，通过扫描刻版后，在印版上形成图像的潜影。经显影后，计算机屏幕上的图像信息就还原在印版上供胶印机直接印刷。

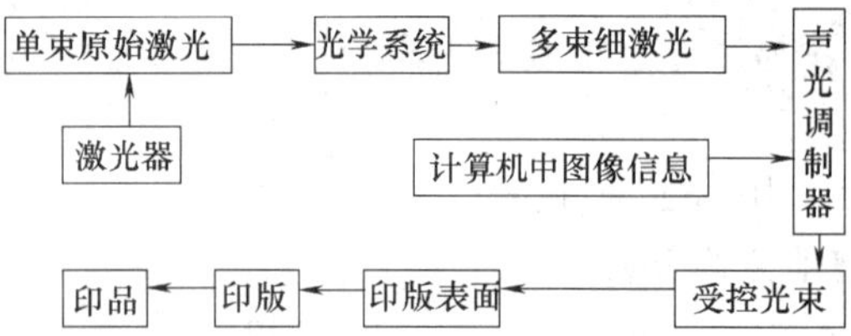

图 3-39 CTP 直接制版机的工作原理流程图

CTP 直接制版机的工作原理流程如图 3-39 所示。

直接制版机有内鼓式、外鼓式和平台式三大类。CTP 设备的供应商大多来自美国、德国、日本等（图 3-40)。大幅面设备的提供厂商有爱克发、巴可、Creo、海德堡、Gerber、ECRM、Optronics、赛天使美国印前公司、美国网屏公司等；中小幅面的生产厂商有 PrintWare 公司、杜邦公司等多家。提供专用于报纸的设备有 Creo 公司、Krause 公司等。

对应于计算机直接制版设备的多样性，目前在市场上出现的版材也是多种多样的，大致可以分为光敏型、热敏型和喷墨型。

光敏型版材是指版材带有光敏涂层，用低功率紫外光或可见激光进行曝光，版材表面光敏层通过吸收光量子而产生感光作用成像。根据光敏材料的不同，又可以分为银盐扩散型、

图 3-40 直接制版机

复合型、光聚合型三种。

热敏型版材由对红外热辐射敏感的感热材料制成，是目前在商业印刷中使用最为广泛的 CTP 版材。按热敏时发生的反应不同可以分为三种类型：热聚合型、热分解型和热烧蚀型。

喷墨型版材主要有两种基本类型，一种是在传统的 PS 版的感光层上涂布一层能够接受油墨的受像层；另一种是一种具有优良亲水和保水性能的基材（如传统 PS 版的铝版基）。这种版材利用计算机控制喷头的往复机械运动实现扫描，将油墨直接喷射到 PS 版感光层表面的受像层或亲水基材上形成油墨影像。

计算机直接制版工艺过程如图 3-41 所示。

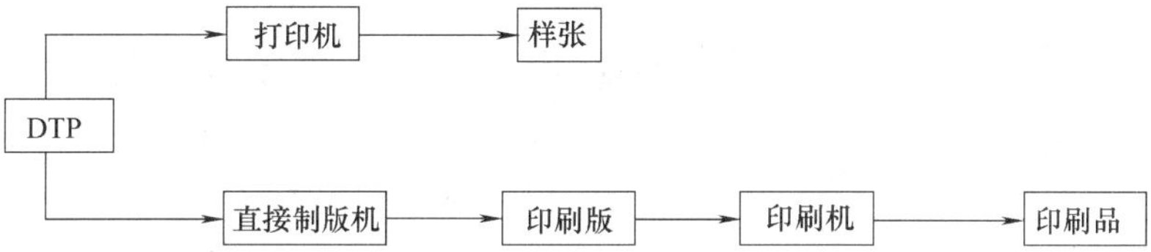

图 3-41　计算机直接制版工艺过程图

2. 传统版材的计算机直接制版（即 CTcP，是 Computer to Conventional Plate 的缩写）是指在传统 PS 版材上进行计算机直接制版。它采用波长范围为 360～450nm 的紫外线光源，对传统 PS 版进行曝光成像。这样，既继承了 CTP 的优势，同时也有效弥补了因使用 CTP 专用版材而导致的成本上升。

CTcP 技术拥有以下主要特点：

① 运用传统的胶印版材，可使成本大为降低。

② 处理过程极其稳定。由于其成像系统的高度集成，使其成像过程更加简单，稳定性更好。

③ 精确的印刷机套准。这种制版方法，比传统的模拟制版更为精确。

④ 可在明室操作，能够方便地晒出各种规格尺寸的印版。

目前市场上提供的 CTcP 专用曝光设备主要有德国 basyPrint 公司的 UV-Setter 系列、比利时艾司科公司的 Espresso 和宝禄德福公司的 Dicon 印版输出机。CTcP 的核心技术是 DSI，即数字加网成像技术，它成功实现了高效率利用紫外线光源生成清晰网点的成像技术。在欧美等发达国家 CTcP 很受欢迎。

三、凹版制版

凹版印版一般是直接制作在滚筒上的，印刷时将凹版滚筒安装在印刷机上。从制版工艺看，凹版主要分为腐蚀凹版和雕刻凹版。

（一）腐蚀凹版

腐蚀凹版就是应用照相和化学腐蚀的方法，将所需复制的图文制作成的凹版。腐蚀凹版有照相凹版和照相网点凹版。

照相凹版又称影写版，其网孔大小相同，深浅不同。主要通过墨层厚度变化体现原稿的浓淡层次。它是用敏化的碳素纸晒白线网屏，再晒连续调阳图底片，底片的不同层次使透光率不同，因而导致感光层不同程度的硬化；之后将碳素纸上的感光层过版转贴到铜滚筒上，用温水浸泡溶去未感光胶层；然后用氯化铁溶液腐蚀，由于感光层具有不同的硬化度，腐蚀液渗透强弱不同，是腐蚀时间的长短不同，形成不同深度的凹陷，从而得到印版。

照相凹版的制作过程（图 3-42）：

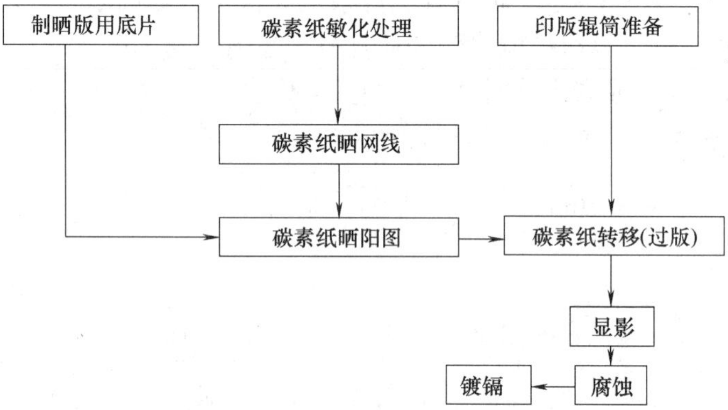

图 3-42　照相凹版的制作过程

照相加网凹版的网孔深浅相同，大小各异，它是通过网孔着墨面积的变化来体现原稿层次的。它是直接在印版滚筒表面涂布感光液，然后附网点阳图片晒版，在光的作用下，空白部分的胶膜感光硬化。在腐蚀过程中，这些硬化了的胶膜保护滚筒表面不被腐蚀，形成非图文部分，而图文部分则被腐蚀形成深度相同而面积大小不同的网点，构成了所需要的凹印印版，如图 3-43 所示。它的特点是不用碳素纸转移图像，采用有网点的阳图片进行晒版。操作简单，稳定可靠，效率高，但有丢失高调部分的缺点。

(a)　　(b)

图 3-43　凹印印版

（a）影写版　（b）加网凹版

（二）雕刻凹版

雕刻凹版是利用手工，机械或电子控制雕刻刀在铜版或钢版上把图文部分挖掉，为了表现图像的层次，挖去的深度和宽度各不同。深处附着的油墨多，印出的色调浓厚；浅处油墨少印出的色调淡薄。雕刻凹版有手工雕刻、机械雕刻、电子雕刻凹版。

（1）手工雕刻凹版　是采用手工刻制和半机械加工相结合的方法，按照尺寸要求，把原稿刻制在印版上。可以直接刻出凹下的图文，也可以在铜版上先涂一层抗蚀膜，划刻抗蚀膜露出铜版表面，再进行化学腐蚀（图 3-44）。

（2）机械雕刻凹版　是采用雕刻机直接雕刻或蚀刻的方法制成的雕刻凹版。可以直接用机械雕刻，或划刻铜表面的抗蚀层再腐蚀制版。

手工和机械雕刻的凹版线条细腻，版纹精巧，主要用来印刷防伪的纸币和债券等。

（3）电子雕刻凹版　应用电子雕刻机来代替手工和机械雕刻所制成的凹版。它是在电子雕刻机上利用光电原理，根据原稿中不同层次的图文对光源反射不同的光量（若用透射原稿则透过不同光量），通过光电转换产生相对应的电量，控制进行雕刻刀具升降距离，对预先处理好的金属版面上进行雕刻，获得需要的图文。印版版面的深度程度根据原稿层次的浓淡变化（图 3-45）。

图 3-44　手工雕刻凹版

图 3-45　电子雕刻凹版网点

电子雕刻凹版是目前应用最多的印版。

电子雕刻凹版按其雕刻刀具的不同可分为电子机械雕刻法、激光雕刻法和电子束雕刻法。

电子雕刻机的机构和原理：电子雕刻机一般由扫描接收部分、电脑控制部分和雕刻部分三部分组成，如图 3-46 所示。

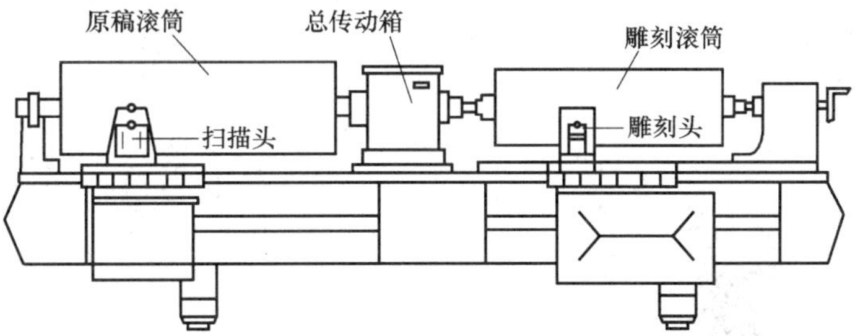

图 3-46　电子雕刻机结构简图

扫描接收部分：有光源和光电装置。由光学系统感应原稿胶片的密度变化，得到强弱不同的光信号，经过光电倍增管把光信号转换为电信号，经过放大后传到电脑控制部分。

电脑控制部分：数据处理的硬件设备。处理数据并控制雕刻刀产生强弱不同的震动。

雕刻部分：由支撑滑行部分、雕刻刀、理平装置组成。支撑部分支撑雕刻刀，进行雕刻，然后用理平装置除去留下的铜屑。

其工作原理是在扫描原稿胶片时，根据原告胶片的密度获得一定强弱的光信号，经过光电倍增管把光信号转换为电信号，对电信号放大和处理，再用电信号来控制刻刀在印版滚筒上雕刻，如图 3-47 所示。

制版过程：

粘贴胶片→安装印版滚筒→测试→电子雕刻

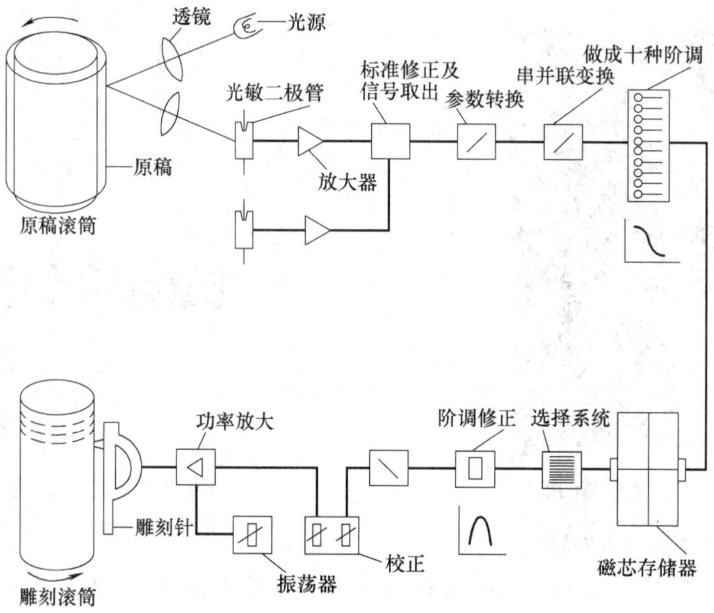

图 3-47　电子雕刻机工作原理图

激光雕刻凹版是英国克劳斯菲尔德公司试制成功的，于 1977 年首次展出了激光凹版雕刻机。从原理上说是应用一路或多路高能激光束，在滚筒表面的待雕刻材料（金属层或基漆层）上，烧蚀出网穴或露铜的网穴形状，直接或间接形成网穴印版，如图 3-48 所示。

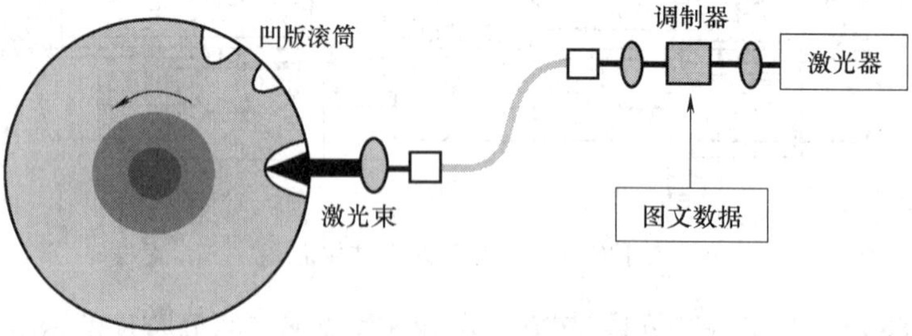

图 3-48　激光雕刻原理示意图

制版工艺过程为：

准备滚筒→清洁、去氧化物→喷环氧树脂→磨光→激光雕刻

激光雕刻凹版的质量好，复制精确，生产效率高。

电子束雕刻凹版是利用高能电子流烧蚀凹版网穴的技术。电子束雕刻机的雕刻频率可以达到 150000 网穴/s，直接烧蚀铜层，形成面积和深度不同的网穴。这种技术需要在真空仓中进行，设备面积大，成本高。

四、孔版制版

孔版印刷的印版图文部分由孔洞组成，可透过油墨漏至承印物形成印迹，非图文部分不能通过油墨，在承印物上形成空白。过去的誊写版印刷是一种孔版印刷。它是在特制的蜡纸上，用铁笔刻划出文字图画，或者用打字机将文字打在蜡纸上形成可以透过油墨的孔，制成印版印刷。喷花印刷和丝网印刷也是孔版印刷，丝网印刷是孔版印刷的主体，近年来发展迅速，应用广泛，以下介绍丝网印刷的制版。

（一）丝网制版的设备和器材

1. 丝网

丝网是丝网印版制版的基本材料，是感光胶膜的支持体。

丝网按照编织使用的材料不同分为绢网、尼龙丝网、涤纶丝网、不锈钢丝网等；按照编织方法又分为平纹织网、斜纹织网、拧织网等（图 3-49）。需要墨层薄的图文，大多采用斜纹织网。

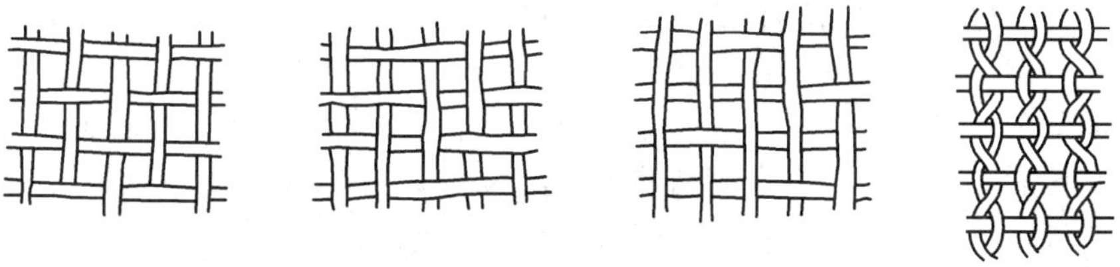

图 3-49　丝网的编织方式

丝网的规格一般用丝网目数来表示，即丝网每平方厘米（cm^2）的网孔数目，目数越高，丝网越密，网孔越小。需要墨层厚的图文，选用拧织的低目数绢网或尼龙网。

丝网一般为黄色、橙色、红色、深红色等。

选择丝网时，要综合考虑成本、透墨性、耐印力、印品精度、承印物表面状态，选择不同材料、目数、编织结构的丝网。

2. 网框

网框是指支撑丝网用的框架，由金属、木材或其他材料制成。分为固定式和可调式两种。网框要轻便，并有足够的抗张强度。

3. 绷网机

绷网机是将丝网绷紧在网框上的专用设备。绷网机上装有绷网夹，绷网夹夹住丝网的边缘，用压缩空气牵动，在一定的张力下，丝网粘贴在框架上，如图 3-50 所示。

4. 丝网晒版机

丝网晒版机是专供晒制丝网印版的设备。晒版时，为了使丝网与底片紧密接触，须在丝网上放一块厚的海绵，同时在海绵和丝网之间加一块黑色绒布，防止透过丝网射到海绵上的光又被海绵反射到丝网上，如图 3-51 所示。

（二）丝网制版工艺

丝网制版的方法很多，传统的感光制版法根据工艺过程的不同可分为直接法、间接

图 3-50　绷网机

图 3-51　丝网晒版机

法、混合法。另外还有计算机直接制版方法也发展迅速。

1. 直接制版法

把感光液直接涂布在绷好的丝网上，经曝光、显影制成丝网版，制版工艺流程为：

绷丝网→丝网处理→涂布感光液→晒版→显影

（1）绷丝网　先剪裁丝网，尺寸比网框四周稍大一些，再把丝网的四边固定在绷网机上，将其拉紧，用张力计测定绷网的张力，网框放在张紧的丝网下面，把黏合剂刷涂在网框的四周，待其干燥后，再从绷网机上卸下网框。

（2）丝网处理　为了加强感光胶与丝网的粘牢度，提高耐印力，需要用 20％的氢氧化钠溶液对绷好的丝网进行脱脂处理，然后用水冲洗干净。

（3）涂布感光液　将感光液放入不锈钢槽中，把网框倾斜放置，槽丝网端接触，一边槽倾流出胶液，一边慢慢地把槽往上提，沿着丝网进行涂布。重复涂布、干燥多次，直到胶膜达到要求的厚度。涂布感光胶要求膜层厚薄均匀，不起泡，无砂粒和裂纹。

（4）曝光　把阳图底片和丝网的胶膜密合在一起，放入专用的丝网晒版机，抽真空后曝光。曝光时间取决于感光液的性能、光源、灯距等因素。

（5）显影　把曝光后的丝网框，浸入水中，用水枪喷射冲洗丝网两面，将未曝光的胶层刷掉，形成漏空的图文，晾干后再进行一次全面曝光，使胶膜的牢度增加，耐印力提高。

2. 间接制版法

在涂有感光层的胶片上制版，然后转拓到丝网上，制版工艺流程为：

曝光→活化处理→显影→冲洗→转移膜层→涂胶→去除片基→修整

（1）曝光　在晒版机中将制版底片与感光胶片密附曝光进行晒版。

（2）活化处理　曝光后，感光胶片的受光部分胶膜硬化，在 1.5％～3％的过氧化氢溶液中浸泡 1～2min，对胶片进行活化处理。这样通过温水显影才能使片基上形成版膜。

（3）显影　用温水显影，将未见光硬化的胶膜除净，再用冷水冲洗。

（4）转移膜层　将显影后的胶片，胶膜向上平铺在桌面上，再在胶膜上放置绷好丝网的网框，并在丝网上放吸水纸，用橡胶辊滚压，即可粘着。

（5）涂胶　将专门配置的胶或直接制版法使用的感光胶，用笔涂填网框的四周，再用热风干燥。

（6）去除片基　剥离感光片的片基，即得丝网印版，经必要的修正，即可印刷。

间接法制版操作复杂，但图文边缘光洁，不需要专用的晒版机。

3. 直接间接混合制版法

直间法是将上述两种方法结合起来使用。

先将感光胶片的药膜面朝向丝网，用水、醇或感光胶粘贴在丝网网框上，经热风干燥后，揭去感光胶片的片基，然后晒版，显影处理后即制成丝网版。

其制版工艺流程为：

粘贴感光胶片→干燥→剥离片基→晒版→显影→修整

4. 计算机直接制丝网版

计算机直接制丝网版有两种方法：喷墨法和激光法。

喷墨法丝网制版是采用数字喷墨成像的丝网直接制版技术。数字图像信息经印前系统处理后传输到数字喷墨机，喷墨头在电信号的控制下，向涂有感光胶的丝网版喷射不透明燃料，在丝网版上形成的不透明燃料图文起到工艺中的阳图底片的作用，再进行正常的曝光、显影、干燥硬化和修正，即可得到丝网版。喷墨法丝网版的输出精度可以达到600～1000dpi，加网线数可以达到150lpi，喷墨丝网制版机如图5-52所示。

图3-52　喷墨丝网制版机

激光丝网直接制版是采用高能量的激光对网版上的光硬化型感光层进行曝光，见光部分感光胶形成空白部分，未见光部分感光胶在显影时被冲掉，透出网孔形成图文部分。激光成像丝网制版直接接受数字印前系统的数字图文信息，制版速度快，而且可以制作大幅面的丝网印版。但激光法丝网直接制版只适合于金属丝网，多用于纺织和陶瓷印刷。

五、打样

打样是通过一定的方法由印前处理过的图文信息复制出各种校样的工艺过程。它是印刷生产过程中的一个重要环节，其作用在于：①检查制版各工序的质量。利用打样来检验分色等的效果，反馈到前工序，以便更改；②为客户提供审校依据。校张经客户签字后即可付印；③为正式印刷提供墨色、规格等依据及参考数据。

由打样得到的最终印刷品的样品，称为样张。根据不同的使用目的，样张主要分为合同样张和版式样张。合同样张是客户验收最终印刷品的质量依据，要求视觉效果和质量必须与最终的印刷品完全一样。版式样张主要用于拼版和版面的校正，以便对设置、处理和操作进行必要的修改，因此，并不要求在视觉效果和质量上与最终印刷品完全一样。

打样主要有机械打样、照相打样、数码打样和计算机软打样。

（一）机械打样

机械打样又称模拟打样，是使用打样机，在与印刷条件基本相同的条件下，把印版上的图文油墨转移到承印物上，印取小批量样张的方法。

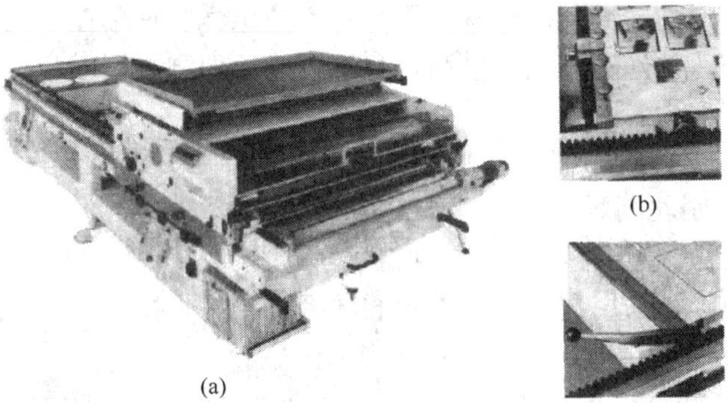

(a) (b) (c)

图 3-53 圆压平打样机

(a) 打样机全景 (b) 打样机上纸 (c) 打样机上版部分

这种打样的方法完全模拟了印刷方法，使用与正式印刷相似的设备、印版、纸张和油墨，样张与印刷品比较一致。因此机械打样是最传统的也是最可靠的一种打样方法。但打样机一般都是单色或双色机（一次运行只能得到一种或两种颜色），自动化程度不高，需要很高的操作技能和经验，而且必须事先制作印版，因此，打样效率低，需要恒温恒湿环境控制，成本较高。这种打样方法在中国、日本等国家得到广泛应用和认可，是提供合同样张的主要途径。圆压平打样机如图 3-53 所示。

但是，随着数码打样的日臻成熟，质量日渐提高，耗材越来越便宜，机械打样受到越来越强的挑战。

（二）照相打样

照相打样是一种不用印版，在晒版之前通过软片原版，利用曝光成像原理制作样张的方法。这种打样方法是利用某些感光材料在光照条件下，发生黏着性或溶解性变化，在片基上留下相应分色片颜色的网点图像。主要有重氮片打样法和色粉打样法两种。

重氮片打样法也称彩片叠合打样，是一种使用重氮感光材料与原版叠合曝光，经显影等加工工序制得样张的方法。重氮片的曝光成像原理及呈色原理是感光层中的重氮盐见光发生分解反应，重氮基消失，颜色消退；未见光的重氮盐在碱性条件下显影，与偶合剂发生偶合反应，形成偶氮影像。不同的偶合剂得到不同的颜色的影像。

色粉打样法又称克罗马林（Chromalin）打样法，其感光片由片基、感光层和保护膜等组成，感光层属光聚合型，利用其光致黏性变化有选择地吸附显影色粉，形成打样图像。感光层还有受热变软的特性，利用此特性在打样时进行剥离与黏合。

相对于机械打样而言，照相打样工艺简单，工期短。但由于成像过程与实际印刷过程相差甚远，很难做到样张与印刷品的完全一致。

（三）数码打样

所谓数码打样，就是把彩色桌面系统制作的页面数据，直接经彩色打印机（喷墨、激光或其他方式）输出样张。数码打样使用的彩色打印机模拟印刷打样颜色的技术，用色料或其他颜料在载体上打印彩色图文。

一个完整的数码打样系统包括彩色打印机、计算机和数码打样控制软件，如图3-54所示。

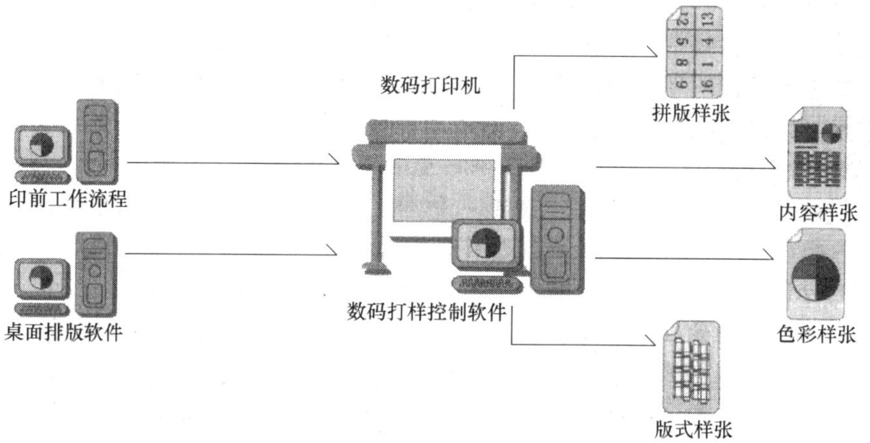

图 3-54　数字打样系统示意图

彩色打印机可以是彩色激光打印机、彩色喷墨打印机、彩色热升华打印机或热转蜡打印机等。但大幅面喷墨打印机以其高速度和高质量而独占鳌头。同时，根据使用目的不同，数字打样系统可以输出版式样张、内容样张和彩色样张，分别用于校对版面、图文内容和颜色。

数码打样的优势主要体现在：

① 还原性好，颜色稳定。由于模拟打样主要是用人工方法进行下墨及调校压力，所以效果不能保持稳定，数码打样则采用全数字化工艺流程，从而避免了传统打样中人力的不确定因素。

② 打样速度快，节省时间。适合于短版印刷。打印一张高质量的对开版面样张，数码打样在 20min 以内完成。而模拟打样则需要 30～40min。

③ 中间环节少。由于取消了胶片的使用，一方面减少了传统打样工艺流程中的晒版、出片等环节，另一方面也迎合了绿色印刷的发展趋势，有利于环保。

④ 由于整个工艺流程全部采用数字化操作，所以使用方便，操作简易。

⑤ 可以实现远程数字打样，由于网络技术的运用和发展，将数字文件输送到远程站点，运用打样设备进行数字打样，从而为用户提供数字样张，这种异地数码打样突破了时空的限制，简捷实用。

当然，数码打样在尽展其风采的同时，其缺点也已显露出来，其缺点主要体现在：

① 尽管数码打样技术的发展日臻成熟，但数码打样的工艺还不十分成熟，尤其是

现在数码打样设备缺乏统一的标准，使操作者和客户难以适从。

② 由于部分数码打样采用调频网点，这种网点的操作技术比较复杂，这对已习惯调幅网点的业内人士而言也是难以适从。

③ 数码打样的应用范围还不算普及，无法满足对烫金、烫银等专色打样的要求，而传统打样在这一点上就能够轻易解决。

④ 耗材问题比较突出。因目前数码打样要求使用专用纸张，一是增加了印刷成本，二是对样张的可信度产生影响。

⑤ 数码打样的管理软件与印刷机、照排机等配套设备的匹配还存在不吻合的情况。

因此，就目前数字打样的发展现状而言，其推广普及程度还不高，加上耗材等成本的原因，如果对活源周期要求不紧，一般的从业者还是选择传统的模拟打样。但是，随着相关技术的发展，数码打样将会在印刷流程中体现出更大的优势，并占据主导地位。

（四）计算机软打样

计算机软打样是通过彩色显示器显示的彩色复制效果来检查版面的实际输出效果的技术。

软打样是在彩色显示器上实现的，无疑是最方便、最快速、最便宜的一种打样方法，要求彩色显示器的精度要高，且必须经过正确校准。软打样方式的明显不足之处是分辨力低，仅有 72dpi；色彩的准确性依赖于显示器的性能和校准情况；是加色法显色原理，而且材质和观察条件也与实际印刷品相差甚远，作为合同样张还有相当难度。

思考与练习

1. 什么是活字？活字的大小如何表示？
2. 文字排版经历了哪几个发展阶段？
3. 简述印刷图像的阶调复制原理。
4. 印刷图像有哪些加网方式？两者有什么区别？
5. 印刷图像的颜色再现需要经过哪两个过程？各是如何实现的？
6. 什么是彩色桌面出版系统？有哪几部分构成？
7. 什么是柔性版？简述柔性版制版的工艺流程。
8. 什么是 PS 版？简述其制版过程。
9. 丝网制版有哪些方法？
10. 打样有什么作用？有哪些打样方法？

第四章　常规印刷

【学习目标】

掌握： 1. 常规印刷机的组成及其作用
2. 常规印刷的工艺流程
3. 常规印刷的不同特点

了解： 1. 常规印刷的原理
2. 常规印刷机的不同特点
3. 常规印刷的印刷过程

【知识要点】

第一节　平版印刷的特点、印刷机、工艺流程、无水平版
第二节　数字印刷的特点、印刷机构成、常用印刷方法
第三节　凸版印刷机、柔印特点、工艺流程
第四节　凹版印刷机、凹印特点、印刷工艺过程
第五节　丝网印刷特点、丝网印刷机、印刷工艺过程

印刷是使用印版或其他方式将原稿上的图文信息转移到承印物上的工艺技术。印刷是获得批量印刷品的重要的复制过程。印刷方式众多，本章只对目前常见的几种印刷方式：平版印刷、凸版印刷、凹版印刷、孔版印刷以及目前发展非常迅速的数字印刷进行粗略的介绍。

第一节　平版印刷

平版印刷是利用油水不相混溶的自然规律，在版材上建立亲油疏水的图文部分和亲水疏油的空白部分。印刷时对印版先上水，使印版对油墨具有选择性的吸附，然后通过一个橡皮滚筒过渡，再转印到承印物上，形成独特的间接印刷。

一、平版印刷的特点

平版印刷是使用PS版、平凹版、多层金属版、蛋白版、石版等印版，其图文部分和空白部分几乎在一个平面上，利用油、水不相溶的原理进行印刷的方式。印刷时首先用水辊对印版涂布水，水则在印版空白部分形成一层水膜，而在图文部分则几乎没有水膜。然后用墨辊向印版涂布油墨，这时有水膜的空白部分不粘附油墨，而没有水膜的图文部分能吸附油墨。当印版与橡皮滚筒的橡皮接触挤压时，就把印版图文部分的油墨转

移到橡皮布上，再由橡皮滚筒将橡皮布上的油墨转移到承印物上，完成一个印刷周期。目前所说的平版印刷大多指间接印刷的胶印。印版上的图文先转移到橡皮滚筒的橡皮布上，再转移到压印滚筒的纸张上，由于经过了一个橡皮滚筒，所以，平版印刷也称为胶印。用放大镜观察平版印刷品，会发现图文的边缘较中心部分的墨色略显浅淡，笔道不够整齐。其原因是印版的图文部分和空白部分几乎没有高低差别，印刷过程中，水对图文边缘的油墨略有浸润。平版印刷产品墨层较薄，但由于墨层最薄往往使颜色密度不足，要靠四色叠加并追加专色来满足色彩鲜艳夺目的需求。胶印套准精度高，制版费用低廉，所印产品层次丰满、阶调丰富、色彩柔和，印刷品质量高。平版印刷机机械设备结构复杂，不但有很长的墨路，而且还有水的参与，调节复杂频繁，对印刷操作者要求较高。平版印刷的印刷品很多是半成品，可与印后加工相配合形成联机作业，提高生产效率。

目前，大量的印刷品是由单张纸胶印机印刷的，如出版物、包装用品、标签、画报、招贴画、挂历等。单张纸胶印机可以在纸张、纸板、塑料薄膜、金属等材料上印刷出高质量的彩色图像。另外，卷筒纸胶印机的印刷速度很快，主要用来印刷杂志、报纸等印刷品。特殊的窄幅卷筒纸胶印机用于印刷连续的商业表格。

胶印工艺和设备已经发展得很完善。配套的原辅材料也已经完全成熟。印刷质量好，成本较低。已经被国内外印刷企业所接受。胶印设备一直在新闻印刷、书刊印刷、包装印刷领域里独占鳌头，地位举足轻重，一直保持市场占有率的首位。尤其近代高新技术的融入，胶印技术本身的技术含量和设备制造方面的高科技结合，使这种印刷设备已经成为与计算机技术、数控技术、光纤技术有机结合的高新产品。随着印刷效率、印刷质量和自动化水平的不断提高，这种印刷方式仍然在印刷业占领着主导地位。目前，胶印在国外基本上占印刷总额的65%以上，在我国，书刊、报纸印刷几乎是100%的胶印化了。此外，在包装印刷中胶印印刷量也已经占到60%左右。据专家预测，无论国内国外，在相当长的时间内，胶印的主导地位不会改变。胶印印刷所占的比例可能降低，但印刷量的绝对值还会增长。不过，由于胶印油墨是油性的，而且利用油水不相混溶的印刷原理，这样胶印就排斥了它用水墨的可能性，因此很难站到无公害的队伍中来。此外，多色、高速胶印机的价格又十分昂贵。对批量大的要求无公害的包装印刷来说，胶印明显地不及柔印和凹印。因此，胶印印刷在今后的发展中，将受到数字印刷和柔性版印刷等环保印刷方式的冲击而压缩市场占有率。

二、平版印刷机

平版印刷机种类极其繁多，有的小巧玲珑，可以放在办公桌上印刷；有的有二层楼高，像个庞然大物，如印刷报纸的胶印机。

平版印刷机：有单色与多色印刷机之分；有单面与双面印刷机之分；有单张纸与卷筒纸印刷机之分；有全开、对开、四开、八开印刷机之分等。有的还配有干燥及折页装置。无论哪一种印刷机都如图 4-1 所示，由给纸机构、印刷机构、供墨机构、供水机构、收纸机构等五大部分组成。

1. 给纸机构

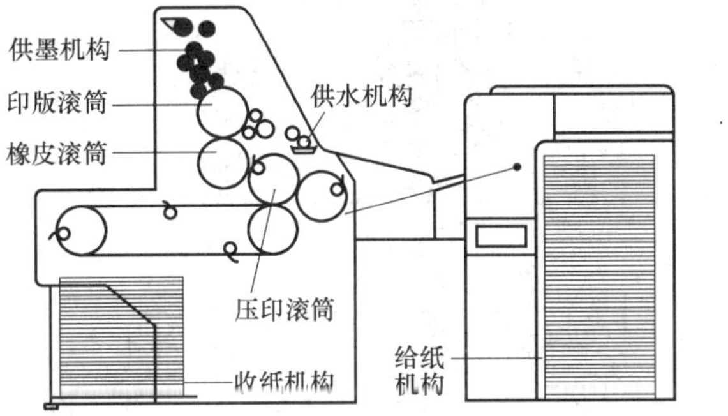

图 4-1 平版印刷机的主要结构

由存纸和送纸装置组成。对单张纸印刷机主要由输纸头（飞达）、输纸板、给纸台和纸张定位、传递装置组成。对卷筒纸印刷机主要由料卷的安装、开卷、接纸、制动和张力控制系统组成。如图 4-2 单张纸纸堆分离机构。

2. 印刷机构

由印版滚筒、橡皮滚筒、压印滚筒组成。单张纸印刷机滚筒配置如图 4-3 所示。卷筒纸印刷机滚筒配置如图 4-4 所示。

3. 供墨机构

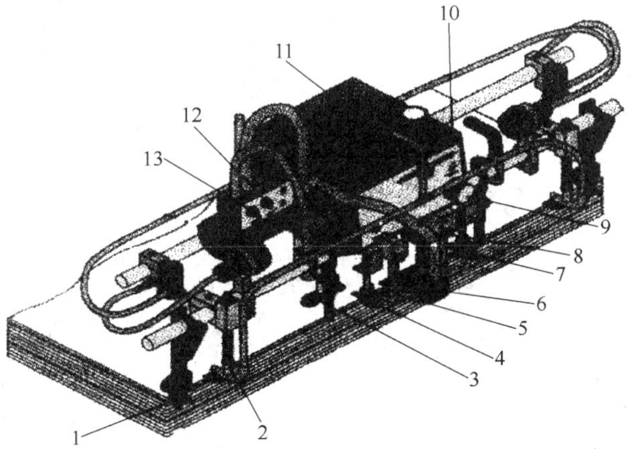

图 4-2 给纸机构

1—后挡纸板 2—固定吹嘴 3—分纸吸嘴 4,7—压纸钢片 5,8—固定吹嘴 6—压纸吹嘴 9,11—旋钮 10—飞达机架 12,13—吹吸风旋钮

由给墨、匀墨、着墨三部分组成，如图 4-5 所示。

4. 供水机构

由供水、匀水、着水三部分组成，如图 4-6 所示。

5. 收纸机构

单张纸印刷机收纸机构一般由链条式印张传送器、印张减速器、收纸台等部件组成，如图 4-7 所示。卷筒纸印刷机收纸机构由裁单张、折页和复卷等部分组成。

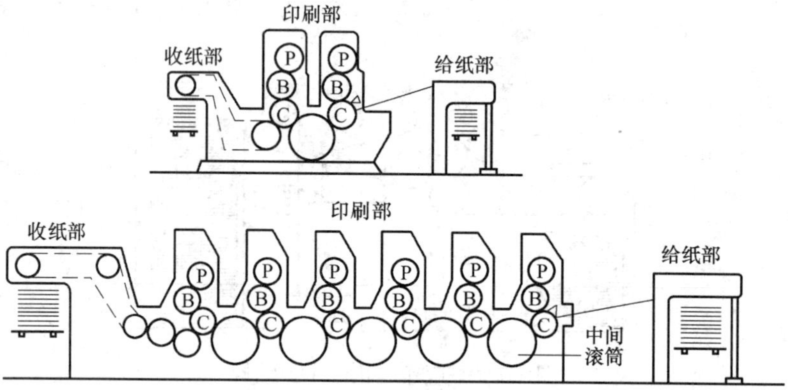

图 4-3 单张纸印刷机滚筒配置

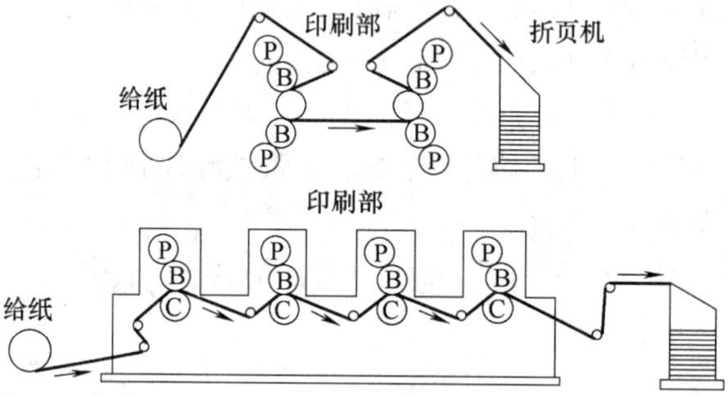

图 4-4 卷筒纸印刷机滚筒配置

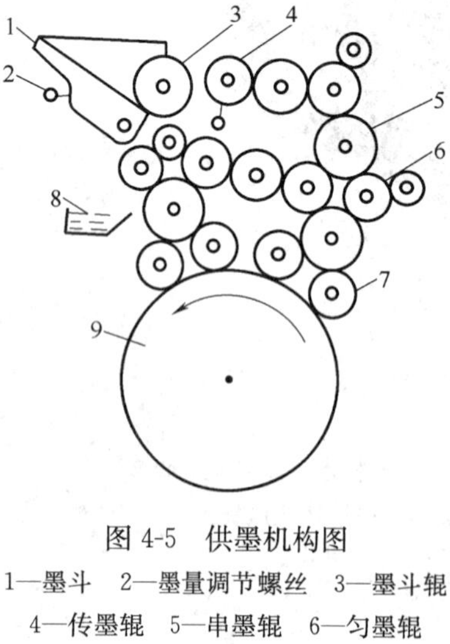

图 4-5 供墨机构图

1—墨斗 2—墨量调节螺丝 3—墨斗辊 4—传墨辊 5—串墨辊 6—匀墨辊 7—着墨辊 8—洗墨槽 9—印版滚筒

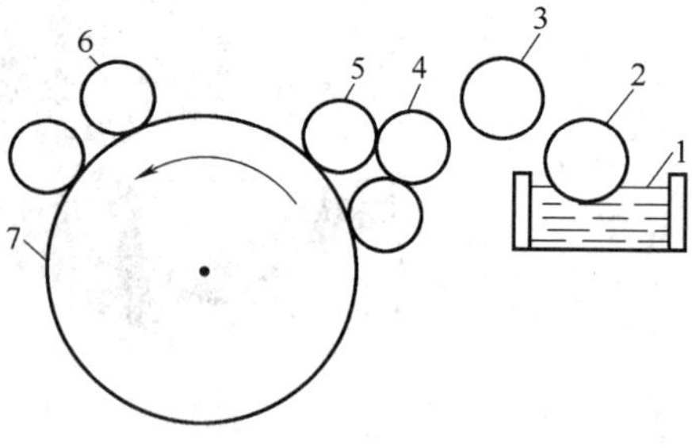

图 4-6 供水机构

1—水斗 2—水斗辊 3—传水辊 4—串水辊 5—靠版水辊 6—靠版墨辊 7—印版滚筒

三、平版印刷工艺

平版印刷工艺包括印刷前的准备、安装印版、试印刷、正式印刷、印刷后处理等。

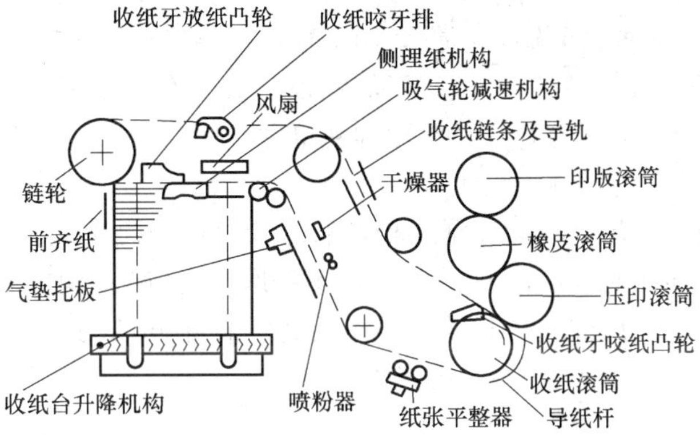

图 4-7 收纸机构

可用下列框图 4-8 表示。

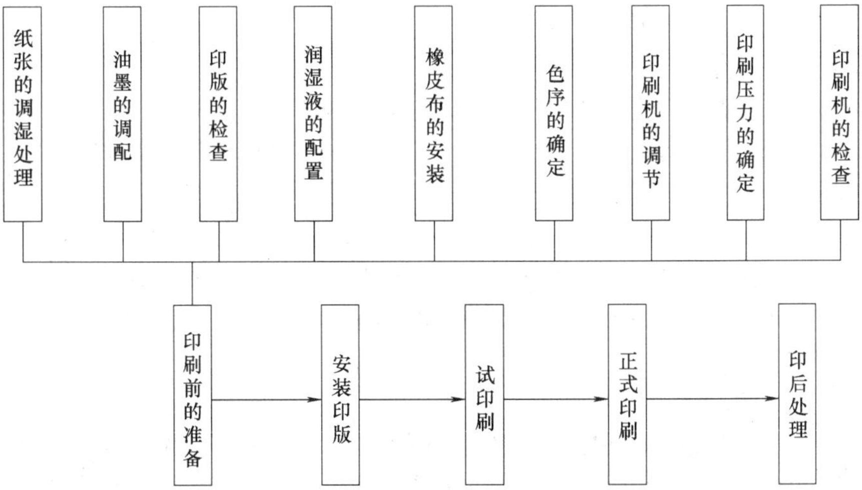

图 4-8 平版印刷工艺流程

（一）印刷前的准备

平版印刷工艺复杂，印刷前要做好充分的准备。

1. 印刷机的检查

机器的检查虽然是日常工作，但在印刷前要仔细地检查是否有紧固件松动、脱落；油眼是否堵塞；机器运转是否有异声及有失落机件；输纸板上是否有异物等，需要加油处要加好油。

2. 印版检查

为防止印版安装上机后可能出现的差错，上版前须对印版进行复核检查。主要检查印版的外观版面有否擦伤、划痕、凹凸不平，正、反面有否异物以及网点质量、尺寸规格、印版色别、叼口尺寸、十字线到叼口的距离、版面图文深浅等是否符合要求。

3. 纸张的调湿处理

纸张从造纸厂出厂，经过运输，长期贮存，由于周围气候的频繁变化，地区之间温湿度的差别，刚拆包的纸张，含水量不可能与车间的温湿度相平衡，而且含水量往往也是不均匀的。用这样的纸张印刷，不仅套印不准，还会使纸张皱拱。因此，纸张在投入印刷前，要进行调湿（即吊晾）处理。降低纸张对水分的敏感程度。让纸张的含水量均匀并与车间温湿度相适应，提高纸张尺寸的稳定性。

目前，对胶印纸张的调湿方法一般有三种：

① 在印刷车间或与印刷车间温湿度相近的晾纸间吊晾调湿。

② 在比印刷车间相对湿度高6%～8%的晾纸间进行调湿处理。

③ 把纸张先放在较湿的地方加湿，然后再到印刷车间或与印刷车间温湿度相近的晾纸间进行水分平衡，使纸张的含水量均匀。

4. 油墨的调配

一般较大规模的印刷厂都配有调墨间，根据印样，调配油墨。要求做到以下几点：

① 油墨的色相符合原稿的色样标准。

② 油墨的印刷适性符合印刷的客观条件。

③ 油墨的调配量要准确。

5. 润版液的配置

按照印刷机和纸张、油墨的性质，选择合适的润版液。润版液一般是配成浓度较大的原液（市场上销售的润版液均为原液），使用时，要加水稀释，弱酸性的润版液pH应控制在5～6。

6. 橡胶布的安装

橡胶布的安装，要求它均匀紧密地包围在衬垫的外表面，表面各处的张力一致，这是保证印品表面质量均匀一致的一个重要条件。橡皮布由两个专门的夹子夹住，每个夹子上有6～8个夹紧螺钉。

7. 印刷色序的确定

印刷色序是个很复杂的问题，一般是透明度差的油墨先印；网点覆盖率低的颜色先印；明度低的油墨先印；以暖色调为主的人物画面，后印品红、黄色；以冷色调为主的风景画面，后印青色、黄色；用墨量大的专色油墨后印；报纸印刷，黑墨后印。

单色机一般采用：黄→品红→青→黑，即先印亮色后印暗色的顺色序。

四色机一般采用：黑→青（或品红）→品红（或青）→黄的色序。

双色机的色序比较复杂，主要有以下三种：

① 黑→黄、品红→青或青→品红。

② 品红（青）→黄、黑→青（品红）或青（品红）→黑。

③ 品红→青或青→品红、黑→黄。

8. 印刷机的调节

印刷机在使用时，要确保印刷机各部件或机件本身的工作稳定性。因此，印刷前要对印刷机进行调节。

① 检查调节给纸、走纸、收纸的装置。

② 检查调节印版滚筒、橡皮滚筒、压印滚筒的中心距，使压力均匀。

③ 检查调节着墨辊、水辊，使墨量、水量符合印刷要求。

④ 检查印版、橡皮滚筒的清洁度，用洗涤剂将印版的保护膜及橡皮滚筒擦洗干净。

9. 刷压力的确定

适宜的印刷压力，能使墨迹准确无误地转印到承印物上。在印刷中，印刷压力的调整是通过控制滚筒的中心距和滚筒的包衬进行的。因此，印版滚筒、橡皮滚筒、压印滚筒之间必须保持必要而适当的印刷压力。一般情况下，要根据印刷机机型、印版、印刷品的要求合理选用橡皮布和衬垫物；调整滚筒的中心距。

（二）安装印版

将印版连同印版下的衬垫材料，按照印版的定位要求，安装并固定在印版滚筒上。同时要校对印版的位置是否正确，不能有歪斜。

（三）试印刷

印刷前的准备工作做好后，就可以进行试印刷。由试印刷进入正式印刷这段时间里，输纸、输水、输墨部分尚未完全处于平衡状态，所以试印刷工作主要有检查印刷机给纸、走纸、收纸的情况，保证纸张传输顺畅、定位准确；以印版上的规矩线为标准，调整印版位置，达到套印准确；校正压力，调节好油墨、润湿液的供给量，使墨色符合原稿要求；印出开印样张，审查确认合格，即可正式印刷。

（四）正式印刷

在印刷过程中要经常抽出印样检查产品质量，其中包括套印是否准确，墨色深浅是否符合样张，图文的清晰度是否能满足要求，网点是否发虚；空白部分是否洁净等。同时，要注意机器在运转中，有无异常，发生故障及时排除。

（五）印刷后的处理

墨辊、墨槽的清洗。胶印机为长墨路的输墨系统，其墨辊是所有印刷机中最多的，因此，墨辊的养护十分重要，它是保证印版获得均一墨量的保证。印刷结束后，墨辊一定要清洗干净。印版如果还要留作以后印刷，则在版面涂胶以保护不被氧化；如果是需要再生的 PS 版则要除去印版表面的油墨，送交有关部门。

印刷结束后，印张需要检查并整理好，移交下道工序进行加工。

四、无水平版印刷

无水平印是指无水胶印，采用不需要水润湿的平版进行印刷。无水印版的版材结构如图 4-9（a）所示。由铝板基、底层（也叫黏合层）、感光树脂层、硅橡胶层、覆盖膜

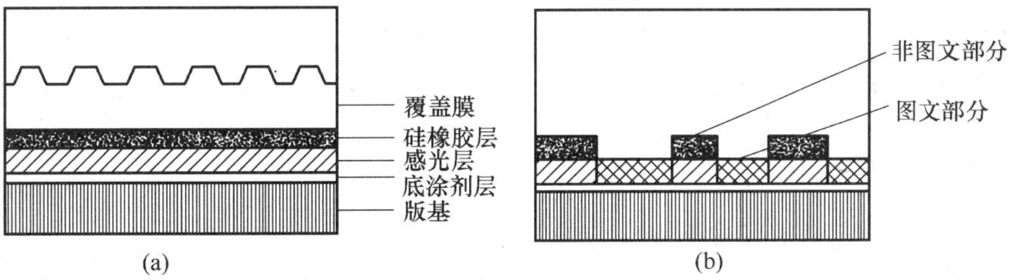

图 4-9 无水印版的版材结构

（a）未曝光前结构 （b）曝光后结构

等组成。曝光时，使用阳图底片，见光的硅橡胶层发生架桥反应，进行交联，未见光的硅橡胶层被显影液除掉，形成如图 4-9（b）所示的印版。

阳图型无水平版的图文部分微微下凹，着墨后油墨不易扩散，空白部分的硅橡胶层对油墨有排斥作用，因此，印刷时可以不用润湿液，从而避免了由润湿液引起的许多故障。

无水胶印使用的油墨比有水胶印油墨的黏度高、黏着性低，主要成分是高黏度改性酚醛树脂及高沸点的非芳香族溶剂，遇热容易分解，故在印刷时，环境温度要保持在23～25℃。

无水胶印，去除了不易控制的润版液，没有油墨乳化现象，印刷品墨色均匀、饱和度高。网点增大值小，网点增大值能够控制在 3%～8%以内，可以采用 200～500Lpi 的细网线，印刷高解像力的印刷品。无水胶印在欧美及日本有较快的发展，已经占有一定印刷份额，随着无水胶印不断完善和发展，有可能替代传统的有水胶印。目前在数字印刷计算机在机直接制版印刷中使用较多。

第二节　数字印刷

数字印刷是相对于传统的模拟印刷而言的，产生于 20 世纪 90 年代。近年来，数字印刷在发达国家发展很快，据有关部门估计在 2010 年至 2015 年间，胶印印刷所占市场份额下降，而数字印刷所占市场份额将不断上升。随着电子出版和跨媒体出版技术的发展，按需求印刷的客户越来越多，印品的印数越来越少，人们希望能随时随地按需要的数量来印刷。这种变化迫使传统印刷商寻求新的印刷方法，因而给数字印刷提供了发展空间。数字印刷是印刷技术数字化和网络化的发展的一种印刷新技术，因而是当今印刷技术发展的一个焦点。

数字印刷国内外尚没有标准定义，不同行业有不同解释。在印刷行业里，人们把由数字信息代替传统的模拟信息，直接将数字图文信息转移到承印物上的印刷技术叫数字印刷。数字印刷系统主要由印前单元和印刷单元所组成，有些系统还配装上装订和裁切单元，从而取消了分色、拼版、制版、试车等传统步骤。目前数字印刷机分为：在机成像印刷和可变数据印刷两大类。在机成像（DI）印刷机实质上仍是胶印机，差异在于集印版成像系统和胶印机于一体，制好的印版仍可用于印刷大量的同一内容的印品，这一点和传统胶印相同。可变图文数据数字印刷则是在每次印刷输出之前重新成像或直接在承印材料上成像，因此可以印刷出每张印品内容都不相同的印刷品，这类数字印刷机采用的主要技术有静电成像、喷墨成像、电子成像、离子成像、电凝聚成像等。

一、数字印刷的工艺特点

数字印刷与传统模拟印刷比较，有以下优点：

（1）印刷周期短　数字印刷无需胶片，自动化印前准备，印刷机直接提供打样，省去了传统的印版，不用软片，简化了制版工艺，并省略了装版定位，水墨平衡等一系列的传统印刷工艺过程。

（2）可变数据输入印刷　数字印刷，每一印张上的图文可以完全不同，即可变数据输入印刷，在传统的印刷中根本无法实现。

（3）数字印刷品的单价成本与印刷数量无关　其印数一般在 50～5000 份的印刷作业。

（4）数字印刷的快捷灵活是传统印刷无法做到的　由于数字印刷机中的感光鼓可以实时生成影像，文档即使在印前修改，也不会造成损失。感光鼓可以一边印刷，一边改变每一页的图像或文字。

（5）便于与客户进行数字连接　印刷作业被制成电子文件，所有文件的传输是通过高速远距离通信进行传递，其中包括互联网。这种将客户和印刷服务有机地连接起来，是以往从来没有的现象。

数字印刷在国内外都发展很快，尤其是发达国家更是突飞猛进的发展，美国数字印刷零售额的年增长率为 18％，欧洲的年增长率为 22％，世界其他地区平均年增长率也在 8％左右。目前数字印刷占整个印刷市场的 12％左右，预计 2020 年将有一半印刷品产生于数字印刷，而国内数字印刷年增长率不足 5％，市场发展潜力巨大。随着我国经济迅速发展，对数字印刷产品的需求也将越来越大，数字印刷必将迎来她的发展春天。

二、数字印刷机

数字印刷的成像操作完全以数字方式进行，全部由计算机控制，所以以数字印刷为基础的生产工艺，有条件组合为计算机控制下的一体化复制工艺链，形成高度集成的信息处理和信息转换系统，图像转移的上墨和转印等关键工艺步骤与成像操作密切相关。因此，数字印刷无需分解为制版和印刷两个独立的工艺的步骤，而是将成像、印刷称为完全一体的工艺流程，数字印刷机的结构设计与组成也是按照这样的一体化工艺流程来进行的。

数字印刷机的体积和占地面积相对于传统印刷设备都比较小，这也是数字印刷机的一个突出优势。由于数字印刷机的成像原理不同，使用的油墨、形式也大相径庭，所以其印刷机的设备结构也不同，根据承印物来分，数字印刷机可分为卷筒型数字印刷机和单张纸型数字印刷机；按照印刷原理来分，有采用静电成像/激光成像方法的数字印刷机，如 HP 公司 Lndigo 数字印刷机，有采用磁性成像方法的数字印刷机，如 Nipson 公司的数字印刷机，也有采用喷墨成像方法的数字印刷机，如 Oce’公司的数字印刷机等。

数字印刷机的基本结构包括输纸部分、数字成像部分、数字印刷（包括中间图像载体）部分、输墨部分、固化部分、收纸部分和辅助装置七大部分。

1. 输纸部分

输纸部分的作用是将纸张进行分离，定位和输送，保证纸张的正确输出和输出位置。输纸部分包括纸张的纸盒、纸张分离装置、检测装置、定位调整装置等。

2. 数字成像部分

数字成像部分的作用是在成像鼓上形成潜影图像，主要由激光成像头、成像鼓（成像带)、充电装置和清洁装置组成。

3. 印刷部分

印刷部分的主要作用是将呈色图像通过机械压力、磁性力和热转移力等转移到承印材料上，印刷部分通常由中间转印滚筒（转印带）、压印滚筒（压印带）、放电装置（加热装置）、离合压装置、压力调节装置和清洁装置等组成。

4. 输墨部分

输墨部分的作用是将潜影图像转变为可视的显色图像，其基本组成为墨盒，输墨装置、充电装置、回收装置、墨量调节装置等。

5. 固化部分

固化部分是指通过加热装置对承印纸张上呈色图像进行干燥的装置，其主要组成为加热装置、通风装置、冷却装置等。

6、收纸部分

收纸部分的主要作用使完成印刷的印刷品整齐地顺序堆码在收纸台上，并可以直接进行印后装订，其主要组成包括纸台、纸台升降装置、齐纸装置等。

7. 辅助部分

辅助部分的作用是通过各种特殊装置完成印刷特殊要求和过程控制，主要包括印刷翻转装置、多色套准装置、温湿度控制装置、联机装订装置、油墨调制系统和墨量控制系统等。

数字印刷机的结构依印刷转移的直接与间接方式不同而有所区别。直接型数字印刷机的图像在成像鼓上形成后，直接转印到纸张上。而间接型数字印刷机则通常需要中间转印媒介，有时是橡皮布滚筒，有时为转印带。

三、数字印刷方法

（一）计算机直接制版印刷

计算机直接制版分为脱机直接制版和在机直接制版两种方式。计算机脱机直接制版的特点是将计算机系统中的数字页面通过独立于印刷机的成像设备（即印版照排机）直接转化成为印版（简称为 CTPress）进行印刷。计算机在机直接制版通常又称为直接成像印刷机，即 DI Press。无论是脱机直接制版还是在机直接制版，其制版过程都是省略了传统印刷的分色、拼版、出片、晒版等中间步骤，从计算机到印刷机是一个直接的数字图文信息的传递过程。直接制版印刷系统的构成及制版工艺流程，如图 4-10 所示。

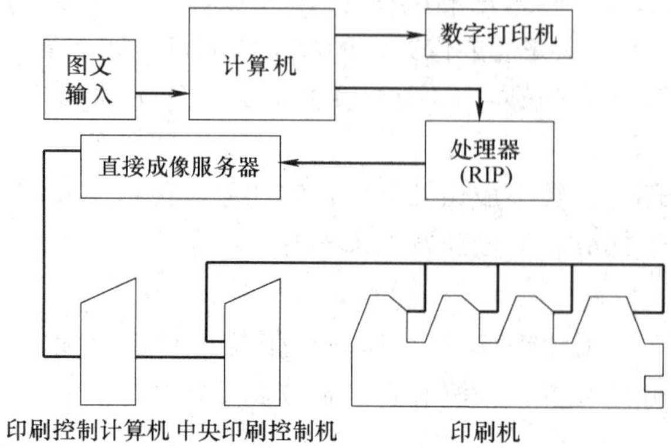

图 4-10 直接制版印刷系统

在印刷前，将准备印刷的图像、文字数据输入计算机，先通过数字打样机打样校对，为制版提供依据。合格后，计算机经光栅处理器（RIP）处理后的数据，通过直成像服务器、印刷控制计算机、中央印刷控制机，直接送往印刷机上激光系统，在印刷机预先固定好的印版上，直接刻制成像，将印版清理后即可进行印刷。

在印刷时，计算机脱机制版与计算机在机制版略有区别。CTPlate 的含义是从计算机直接到印版，印版制成后与普通胶印机一样安装印版后就可以进行大批量的复制原稿了。CTPress 的含义是从计算机直接到印刷机，即在印刷机上制版，因此，不需要安装印版的工序，但这种在机制版多采用无水平印版，印刷则使用无水平版印机。

（二）可变数据印刷

可变数据印刷是指在印刷机不停机的情况下，连续地印刷出不同图文内容的印刷品。而可变数据印刷根据其成像原理不同又可以分为静电成像数字印刷、喷墨数字印刷、电凝聚成像数字印刷、磁记录成像数字印刷等几类。在此只对静电成像技术和喷墨数字印刷技术作简单介绍。

1. 静电成像技术

电子照相技术又分为干色粉和液体色粉两类。该技术利用激光扫描的方法在光导体上形成静电潜影，再利用带电色粉与静电潜影之间的电荷力作用实现潜影，在静电作用下，将色粉影像转移到承印物上完成印刷，这是目前应用最广泛的数字印刷技术。整个工艺过程为：充电→曝光→显影→转印→固化→清除。其静电成像过程如图 4-11 所示。

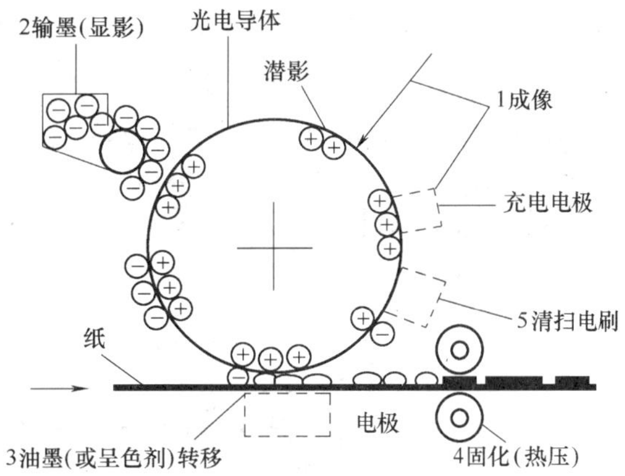

图 4-11 静电成像过程

印刷过程是：

（1）充电 通过充电电极对感光鼓表面充上一层均匀的带正电的静电荷。

（2）曝光 是用原稿图文信号经光学成像系统投射到感光鼓表面，光照区表面电荷因放电而消失，而未被光照射的区域感光鼓表面电位保持不变，感光鼓表面静电电位的高低随原稿图像浓淡的不同而不同，感光鼓上对应图像浓的表面电位高，图像淡的部分表面电位低，这样在感光鼓表面形成了一个于原稿图像浓淡相对应的静电潜像。

（3）显影 再利用带相反电荷的油墨吸附在潜影上，把潜像变成可见的影像，也就是输墨。

（4）转印 就是承印物贴紧感光鼓，在承印物的背面予与色粉（油墨）图像相反极性的电荷，从而将感光鼓已形成的色粉图像转移到承印介质上，完成了图像的转印。

（5）固化 转移到承印物上的油墨还需要进一步通过加热和压力来完成固化。

（6）清除 就是清除经转印后还残留在感光鼓表面色粉的过程，使之在进入下一印刷循环前恢复到原来状态。

2. 喷墨数字印刷

喷墨印刷是用喷嘴将油墨以一定的速度喷射到承印物上，然后通过油墨与承印物的相互作用，使油墨在承印物上形成稳定的图文。按照喷墨的形式我们把它分为：按需（脉冲）喷墨和连续喷墨，如图 4-11 所示。

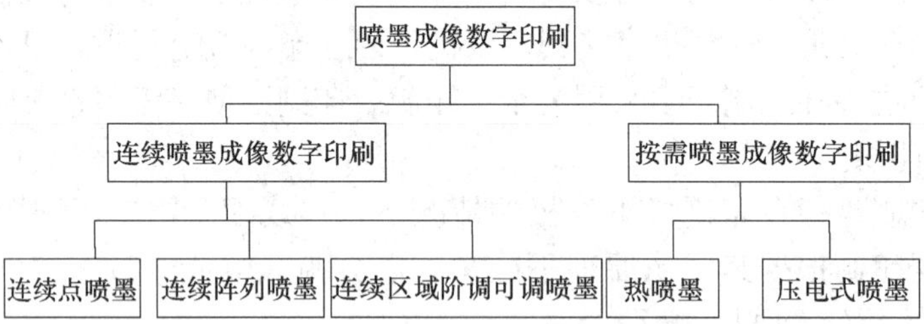

图 4-12　喷墨印刷分类

（1）连续喷墨印刷方式又分连续偏转喷墨和连续不偏转喷墨等

① 在连续偏转喷墨印刷方式中，液体油墨在压力作用下通过一个小圆形喷嘴，依靠高频而产生连续性的墨流，再被分离为单个墨滴，并带上静电，然后在图像信息的控制下，墨滴被喷射到承印物上或被转移回收。如图 4-13 所示。

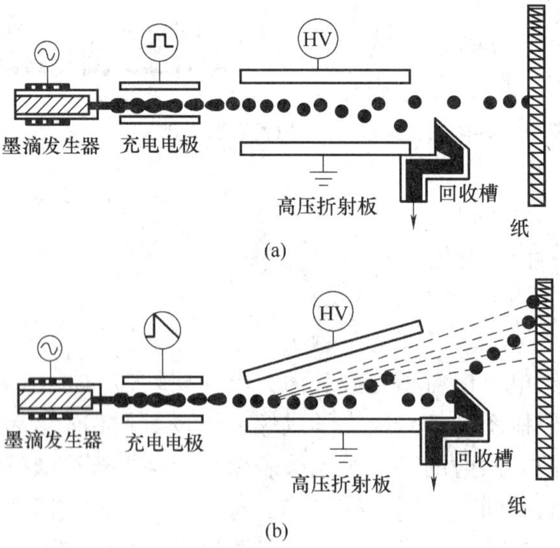

图 4-13　连续偏转喷墨印刷

（a）二元折射系统　（b）多重折射系统

原稿信息首先由信号输入装置输入到喷墨印刷主机部分的系统控制器，然后由它来分别控制喷墨控制器和承印物的驱动装置。喷墨控制器首先使连续喷射的墨水射流粒子化，形成单个墨滴，接着墨滴经过设在喷嘴前部位置的、并可根据图文信号变化的充电电极时感应上静电并使之带电，这时带电的墨滴通过一个与墨滴运动方向垂直的偏转电极，在高压射板的作用下向上偏转，越过回收槽，以高速喷射冲击在承印物表面上，形成图像和文字。而未带电或带电少的墨滴不受偏转电极的影响，直接穿过电极而被拦截器拦住，进入墨水槽的循环系统，以便循环使用。

② 在连续不偏转喷墨印刷方式中，如图 4-14 所示。

这种喷墨印刷方式与连续偏转喷墨印刷方式的原理是相同的，差异仅在于参与记录的墨点不受偏转磁场的影响，以自然状态直线飞行喷射到承印物表面形成图文部分。而不参与记录的墨点则在偏转磁场的作用下被收入墨点拦截器，进入墨水回收循环系统，以便循环使用。在印刷过程中通过移动承印物完成图文的整体印刷过程。

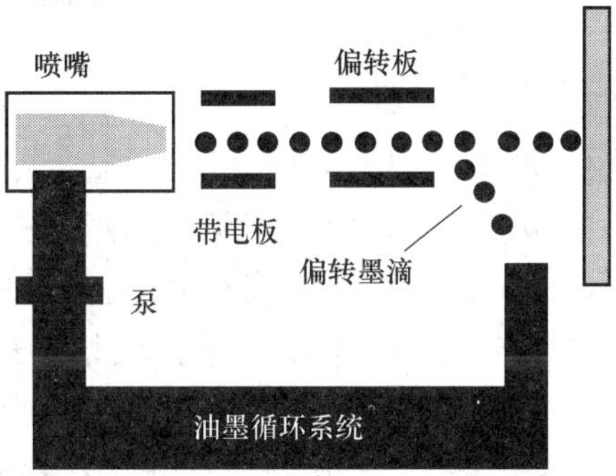

图 4-14 连续不偏转喷墨印刷

（2）按需喷墨印刷方式又分热喷墨和压电式喷墨等印刷方式

① 间歇式热喷墨印刷方式。在间歇式热喷墨印刷系统中，喷墨头的墨水腔的一侧为加热板，另一侧为喷孔。如图 4-15 所示，印刷时，加热板在图文信号控制的电流作用下迅速升温至高于油墨的沸点，与加热板直接接触的油墨汽化后形成气泡，气泡充满墨水腔进而使油墨从喷孔喷出，达到承印物，形成图文。一旦油墨喷射出去，加热板冷却，而墨水腔依靠毛细作用由贮墨器重新注满。

② 间歇式压电喷墨印刷方式采用压电晶体的振动来产生墨滴，如图 4-16 所示。在墨水腔的一侧装有压电晶体，印刷时，墨腔内的压电板在图文信号控制的电流作用下产生变形。表面凸起呈月牙状，并凸向墨水腔，从而挤压墨滴从喷嘴中喷出，然后压电晶体恢复原状，墨水腔中重新注满油墨。

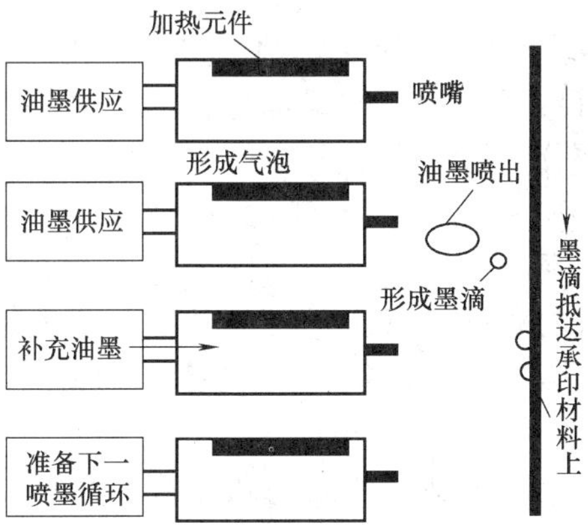

图 4-15 间歇式热喷墨印刷

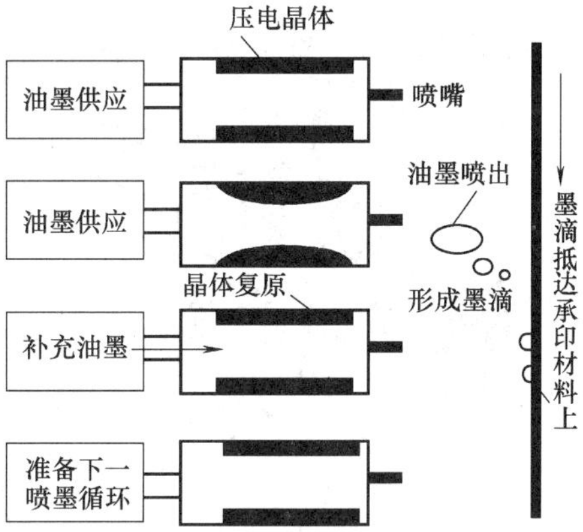

图 4-16 间歇式压电喷墨印刷

第三节 凸版印刷

凸版印刷是一种最古老的印刷方法。在其发展和演变中，形成了两类印版：一种是硬质凸版，如铅活字版、铜锌版等，现基本被淘汰；另一类是软质凸版，如橡胶版、感光树脂版，也称柔性印版，是凸版印刷中具有发展前景的一部分。

一、凸版印刷的特点

凸版印刷是使用铅合金的活字版、铅版、铜锌版、感光树脂版、橡皮凸版、柔性版等印版的印刷方式。由于印版上的图文部分凸起，空白部分凹下，形成较大的高低差，印刷时凸起的图文部分与滚涂的墨辊接触接受油墨，而凹下的空白部分不与墨辊接触，采用直接印刷，当凸印印版与承印物受压接触时，凸起的部分将油墨转移到承印物上，形成与凸版印版上相反的图文。凸版印刷的图文部分受压较重，油墨被压挤到边缘，用放大镜观察时，图文边缘有下凹的痕迹，墨色比中心部位浓重，用手抚摸印刷品的背面有轻微凸起的感觉。

凸版印刷的历史最为悠久。20 世纪 50 年代，几乎所有是印刷品都是用铅活字版印刷的，当时的活字版印刷即是印刷的同义词。随着时光飞逝，科学技术的不断发展，活字版印刷因对环境的严重污染和对人身健康的影响，逐渐被其他印刷形式所取代。目前，硬质的凸版印刷基本被淘汰。只有软质凸版，随着柔性版印刷的不断完善和发展，其发展趋势非常良好。柔性版印刷具有设备结构简单、应用范围和承印物广泛、广泛使用水性油墨、成本低的特点。因此市场占有率在不断扩大，今后在所有的印刷方式中无疑处于领先地位。目前，美国的包装印刷市场 70％是采用柔性版印刷。在欧洲柔性版印刷占总体印刷的 27％。我国柔性版印刷虽然起步较晚，但其发展势头迅猛，在包装印刷行业已占 15％左右。据有关部门预测，数年之内全球印刷市场中柔印将占有 45％份额。因此，柔性版印刷具有广阔的发展前景。

二、凸版印刷机

凸版印刷机的类型很多，大小各异，但基本结构和工作原理大致相同。各类印刷机都有给纸部分、给墨部分、传动部分、印刷部分、收纸部分。

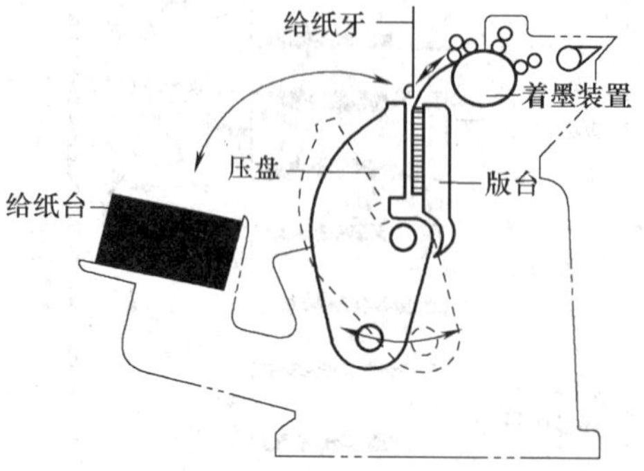

图 4-17　平压平型凸版印刷机

1. 平压平型凸版印刷机

平压平型凸版印刷机，是凸版印刷中特有的印刷机械。它的主要特点是装置印版的版台和压印机构呈平面型，如图 4-17 所示。

目前印刷厂使用的圆盘机、方箱机等属于这种机型。这类印刷机，在印刷过程中，产生的压力大并且均匀，适用于印刷商标、书刊封面、精细的彩色画片等印刷品。

2. 圆压平型凸版印刷机

圆压平型印刷机的主要特点是压印机构是圆筒形而装印版的版台呈平面，因而称圆压平型印刷机。印刷时，圆型的压印滚筒和平面的印版相接触，印刷速度比平压平的印刷机快，有利于进行大幅面印刷。由于压印滚筒的运动形式不同，圆压平凸版印刷机又分为一回转和二回转两种。

（1）一回转凸版印刷机　一回转凸版印刷机的结构如图 4-18 所示。压印滚筒每旋转一周，版台则往返运动一次，完成一次印刷过程。

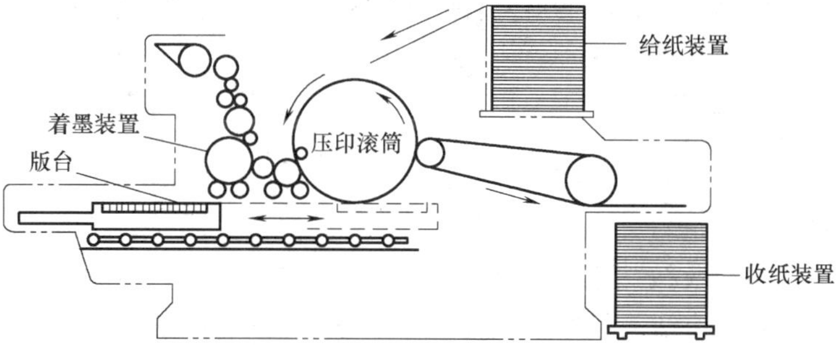

图 4-18　一回转凸版印刷机

这种印刷机适合用于印刷美术图片、书刊插图以及商标装潢等印刷品。

（2）二回转凸版印刷机　二回转凸版印刷机的结构如图 4-19 所示。压印滚筒连续以同方向旋转两周，印版版台往返一次，完成一个印刷过程。这种印刷机运转比较平稳，套印也较准确，适合印刷质量较高的书刊正文。

3. 圆压圆型凸版印刷机

圆压圆型凸版印刷机的特点是压印机构和装置印版的机构都呈圆筒型，如图 4-20 所示。

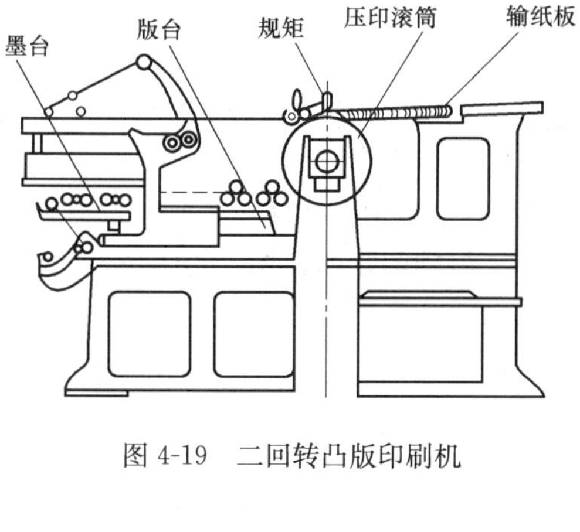

图 4-19　二回转凸版印刷机

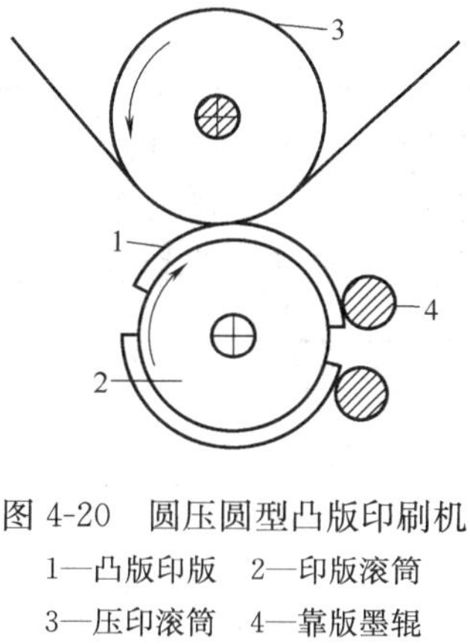

图 4-20　圆压圆型凸版印刷机
1—凸版印版　2—印版滚筒
3—压印滚筒　4—靠版墨辊

圆压圆型凸版印刷机又称轮转印刷机，采用了连续向一个方向转动的滚筒结构，克服了因换向而产生的惯性影响，所以提高了印刷速度，而且运行比较平稳，适合于印刷数量多的印件。

圆压圆型凸版印刷机根据给纸形式分为单张纸印刷机和卷筒纸印刷机两类。单张纸轮转机因供纸、输纸效率的限制，速度不能很高；卷筒纸轮转机输纸效率高，而且设有裁切、折页装置，所以生产效率高，是高速印刷生产的主要机型。适合于印刷报纸、书刊正文、杂志等。

三、凸版印刷工艺

凸版印刷品的种类很多，有不同开本，不同装订方法的书刊、杂志，也有报纸、画册，还有包装装潢印刷品等。印刷前对印刷品的种类，印刷的要求应了解清楚，按要求进行工作。凸版工艺流程如图 4-21：

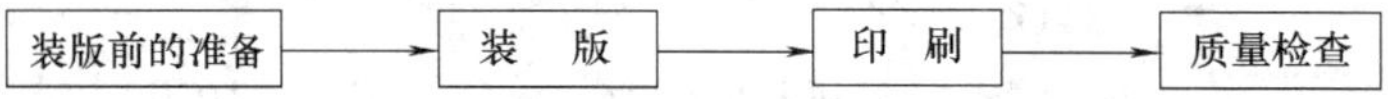

图 4-21　凸版工艺流程

1. 装版前的准备

印刷每一件产品都应按施工单中的要求进行。施工单的内容包括书名、开本、印数、页码、印刷和装订方法、纸张规格、质量要求、完成日期等。了解清楚施工单的内容后才可以进行准备工作。首先对印版、纸张、油墨进行检查，然后检查机器是否调整完毕。检查核对符合要求后方可开始装版。

2. 装版

将印版按要求固定在版台上的工作叫装版。铅板装版工艺流程如图 4-22：

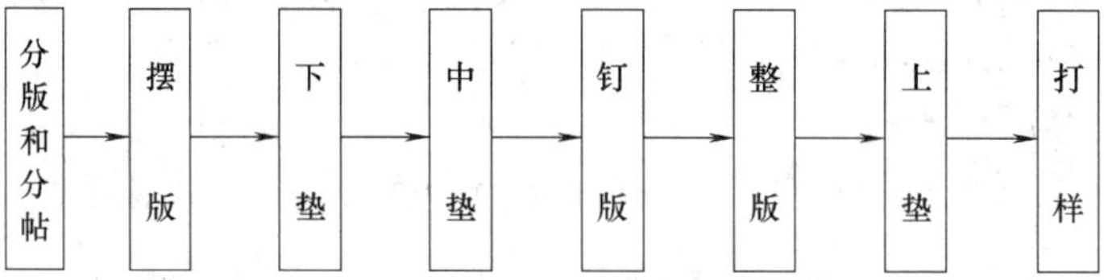

图 4-22　铅板装版工艺流程

(1) 分版和分帖　分版和分帖是指合理的安排印版页码次序。一般书刊常用的印刷方法有翻版印刷和套版印刷。

凡是用一副印版完成正面印刷后，不另换印版进行反面印刷的方法，称为翻版印刷，如图 4-23 所示，印刷完成后，从印张中间裁开，得到两张印迹相同的印张。

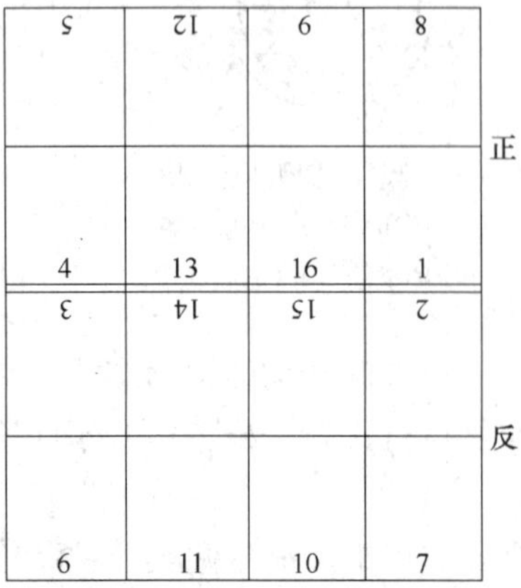

图 4-23　翻版印刷

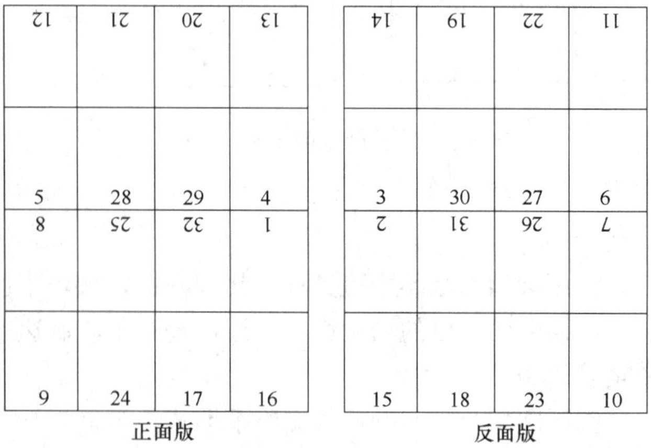

图 4-24　套版印刷

凡是先用整副印版的一半印在纸张的正面，再用另一半印版印在纸张的反面的印刷方法，称为套版印刷，如图 4-24 所示。

此外，还需要按照装订方法来分帖。如采用骑马订的书，要把全书的前、后页码连在一起，而中间一部分页码的版面分出来，印成单独的书帖，装订时再把书帖套在一起。

（2）摆版　根据装订、折页的要求，按照页码的顺序，把印版摆放在正确的位置上。

（3）垫版　调整印版压力的过程叫做垫版。垫版的方法有下垫、中垫、上垫三种。

① 当 1/3 以上面积的版面压力太轻或太重时，在底板下贴纸版或把底板下的纸版撕掉，叫做下垫。

② 当 1/3 以下面积的版面压力太轻或太重时，在铅板与底板之间垫纸或把铅板背面刮薄，叫做中垫。

③ 上垫是在下垫和中垫完成之后进行，先将印刷机的墨色调整到基本符合印刷时的墨色，打出上垫样张。上垫也称贴滚筒，是在压印滚筒上依据上垫样张逐字、逐行地检查压力的轻重，然后用薄纸条，有序地在压印滚筒上粘贴或挖去纸张，直至墨色均匀、压力符合要求。

（4）整版　按照施工单的要求，把印版固定在正确位置上的操作叫做整版。通过整版达到尺寸正确，字、行、页码等套印准确。整版有划样、打孔样、套红样三种方法。平面铅版的整版工作是在下垫、中垫之后把印版固定后进行的，方法是用冲板敲正或移动印版位置。弧形铅版可松开固定印版的螺丝，移动印版。感光树脂版是用双面胶纸粘上的，可将印版轻轻揭起，再重新粘贴。

（5）安装印刷标记　印刷标记有两种，一种是侧规标记，安装在侧规纸边外，检查套印是否准确，有否倒头、白页；另一种是装订折标（也叫帖标），安装在每帖最外层订口处，目的是在书刊装订时检查是否多贴、少贴、错贴等。

3. 印刷

装版结束后，要做好开印前的准备工作。准备工作包括堆好待印的纸张，核对版样、开印样，检查文字质量，防止坏字断笔缺划等问题。检查规格尺寸是否符合规定的要求；检查印版的紧固情况，防止印刷中的印版的松动。

在印刷过程中由于印刷环境对印张、油墨、印刷机设备的影响，应及时检查印刷品质量，发现问题及时处理。若发现印刷机运转有异常现象，及时停机检查，保证安全生产。

四、柔性版印刷

柔性版印刷是使用橡胶、感光性树脂等材料制成的凸版印版，通过网纹传墨辊传递油墨的印刷方式。

柔性版印刷原名叫“苯胺印刷”，因使用苯胺染料制成的挥发性油墨印刷而得名。1952 年 10 月，在国际包装会议上将苯胺印刷改名为可挠曲性印版印刷，我国也相应称为柔性版印刷。

（一）柔性版印刷的特点

柔印以四色及专色叠套进行多色印刷，所印产品墨色浓烈，实地厚实饱满，中间调丰富，阶调较短，套准精度居下游，以透明阳片（最好是磨砂片）做原版，制版费用相对较高。但由于印压小，墨层适中（15～20μm），耐印力高，适于印刷色调中性、偏暗淡的食品、茶饮、啤酒、乳品、医药的折叠包装纸盒和纸箱。在传统的包装纸箱行业以及近两年盛行的储运与销售包装相结合的有电分色块与层次效果的纸箱业，柔版印刷将占有绝对优势。

国际上，柔印被认为是在经济处于低谷时期，而环保与节约资源又被重视的年代，在多品种、小批量、周期短、低成本的普通纸盒纸箱印刷中将得到广泛使用的一种印刷方式。

1. 柔性版印刷机具有以下特点

①属环保印刷；②高速低廉的制版速度；③印刷速度高，机械价格低；④优异的连续加工功能；⑤印刷物涵盖面宽。这五方面的特点，使柔版印刷与目前正在兴起的数字印刷等其他高科技印刷形式正在同步发展。

2. 柔性版印刷的特点

柔性版印刷兼有凸印、胶印和凹印三者之特性。从印版结构来说，它图文部分凸起，高于空白部分，具有凸印的特征；从其印刷适性来说，它是柔性的橡胶面和印刷纸张接触，具有胶印特性；从其输墨机构来说，它的结构简单，而与凹印相似，具有凹印的特性。除此之外，柔性版印刷还具有如下特点：

（1）优良的印刷质量　柔性版印刷在印前的底片制作、供量方式以及印刷方法等方面，集中了平、凹、凸印三种印刷工艺的特点，印刷可达 150 线、6～8 色或更多颜色的高精彩色印刷品非常容易。印刷品的墨层厚度使产品具有层次丰富、色彩鲜艳的特点，特别适合包装印刷的要求。但是，柔印产品网点扩大量大，层次不如凹印和胶印丰富，但目前网线已能印制 175lpi 的彩色印刷品。

（2）适应广泛的承印材料　柔性版印刷可印表面光滑、平整、吸收性好的纸张；可印表面粗糙、明显凹凸不平的瓦楞纸、纺织品；可印表面无弹性的陶瓷、玻璃纸、铝箔制品。为此，柔性版印刷产品的适应范围十分广泛。

（3）耗能低、生产效率高　柔性版印刷设备通常采用卷筒型材料，幅面可窄至 25cm，宽至数公尺；从双面多色印刷到上光、覆膜、烫金、模切、排废、收卷或分切等工序一次连续完成。因此，柔性版印刷法可以大大缩短印刷周期，能源消耗降低，成本下降，使用户在竞争激烈的市场中占据优势。

（4）操作方便维修容易　柔性版印刷机结构同其他印刷机械相比，相对来说比较简单，因而操作方便，维修容易。

（5）损耗少、周期短、效益高　印刷成本柔性版印刷比胶印低 15%；纸张消耗，柔性版印刷纸张报废率为 1%；而胶印为 5%；另外，柔性版印刷机集印刷、模切、上光等多种功能于一机，瓦楞纸箱生产流程工序比胶印少 2～3 道，而胶印后还需配备裱背机、模切机。上光机等设备，增加了投资；印刷周期：柔性版印刷 2～3 天完成的工作量，而胶印需 7～8 天才能完成，大大缩短了生产周期，降低了生产成倍提高了经济效益。

(6) 噪声小、无污染 柔性版印刷机结构简单，传动机构运转时噪声小；采用水质油墨对环境无污染。

(7) 没有飞墨现象 由于柔性版印刷使用水质油墨对环境无污染，加上配有反向刮墨刀，不会产生飞墨现象，印后箱面不掉色，不脱墨。

(8) 柔性版使用高分子树脂材料，具有柔软可弯曲，富于弹性的特点 柔性印版肖氏硬度一般在 25～60，耐印力高，在百万印以上，印刷压力小，仅为 1～3kg/cm，(凸印压力 50kg/cm、凹印压力 40kg/cm、平印压力 4～10kg/cm)。

(9) 制版周期短，制版设备简单，制版费用低 一般情况下，制作一副多色印版，凹印版需 5～10 天、柔印版仅需 5h。制版费用是凹印制版费的 1/10。

(10) 机器设备结构简单，造价低，设备投资少 柔性版印刷机由于构造相对简单，因此设备投资低于相同规模的胶印机或凹印机，比胶印机价格低 40%～60%，为凹印机价格的 1/3。

(11) 应用范围广泛，可用于包装装潢产品的印刷 柔性版印刷既可印刷各种复合软包装产品、折叠纸盒、烟包、商标及标签；也可以印刷报纸、书籍、杂志和信封等。

(12) 可使用无污染、干燥快的油墨 柔性版印刷生产线可使用水溶性或 UV 油墨，对环境无污染，对人体无危害。每个印刷色组都设有红外线干燥系统，不会影响下一色组的套印。

(二) 柔性版印刷机

按印刷幅面的宽度，柔性版印刷机可分为窄幅和宽幅柔性版印刷机，一般国际上以 600mm 为界，小于 600mm 的称为窄幅柔性版印刷机，而大于 600mm 的称为宽幅柔性版印刷机。

根据印刷机组的排列形式，又可将柔性版印刷机分为机组式、卫星式和层叠式三大类。

卫星式柔性版印刷机，如图 4-25 所示，几个印刷单元排列在压印滚筒的周围。这种印刷机，套印准确，印刷精密度高，但只能进行单面印刷。

层叠式柔性版印刷机，如图 4-26 所示。

机组式柔性版印刷机，如图 4-27 所示。

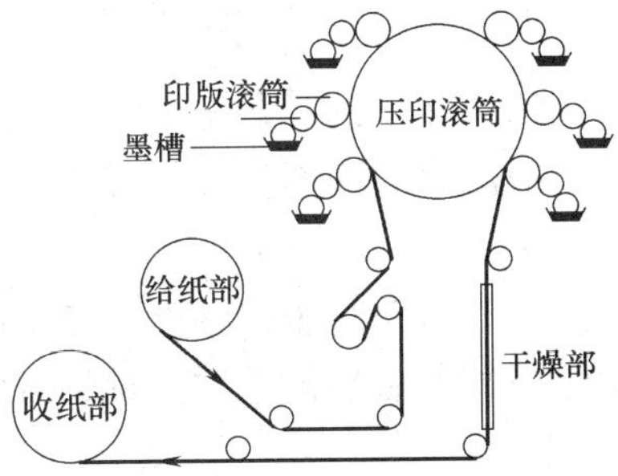

图 4-25 卫星式柔性版印刷机

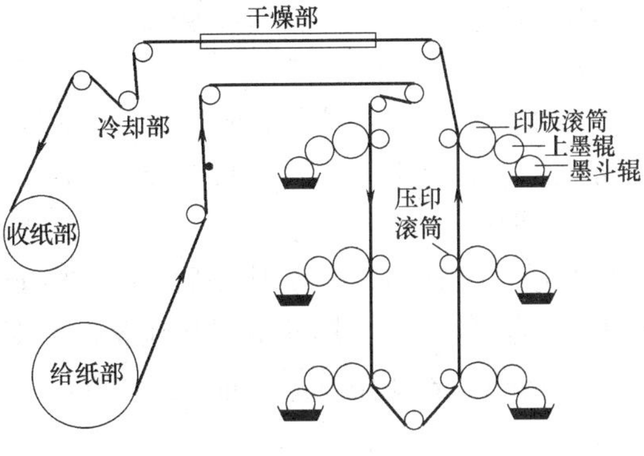

图 4-26 层叠式柔性版印刷机

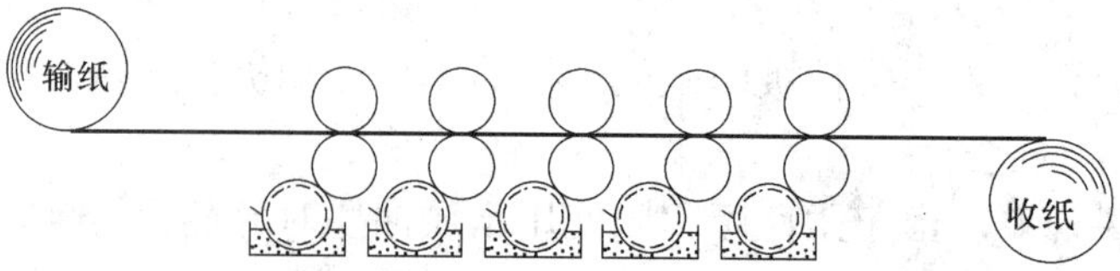

图 4-27　机组式柔性版印刷机

无论哪一种机型，其印刷机主要由开卷部分、印刷部分、干燥部分、收卷部分组成。

（1）开卷部分　它是柔性印版印刷机的输纸部分，其作用是使卷筒纸开卷，平整地进入印刷机。

（2）印刷部分　柔性版印刷机，每一印刷机组，都由印版滚筒、压印滚筒、供墨系统组成。

供墨系统是柔性版印刷机的核心，它与凸印机、胶印机相比，柔性版印刷机的输墨系统非常简单，由两根墨辊，甚至一根墨辊取以刮墨刀，即可实现由墨斗向印版表面均匀定量地传递油墨。如图 4-28 所示。

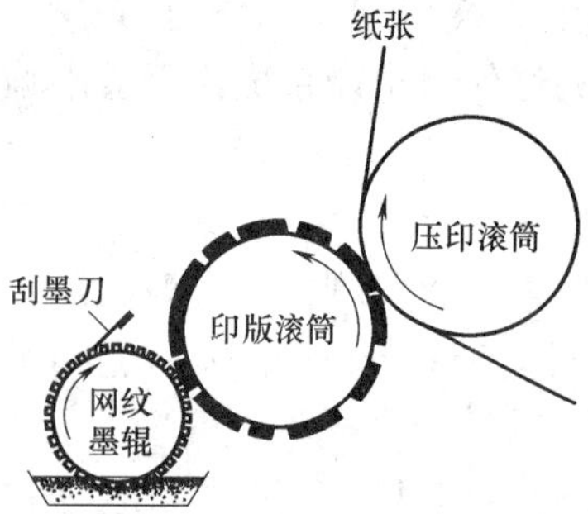

图 4-28　柔性版印刷机的输墨系统

柔性版印刷机的输墨系统有四种类型：网纹传墨辊—刮墨刀输墨系统（刮刀式）、墨斗辊—网纹传墨辊输墨系统（双辊式）、墨斗辊—网纹传墨辊—刮墨刀系统（综合式）和墨槽—刮墨刀系统（全封闭式双刮刀装置）。

（3）干燥部分　在各印刷色组之间和印刷部后面，设置烘干系统。干燥器一般有红外线短波灯管；冷、热风吹送系统；空气抽吸系统；紫外线（UV）干燥。

（4）收卷部分　柔性版印刷机的收纸部分即复卷部分，是在普通的轴承上装有一个轴，通过铁心夹盘固定住卷纸辊，复卷印刷后的印张。

（三）柔性版印刷工艺

柔性版印刷工艺操作过程主要包括上版、版位调整、印版调节、试印、质量检查、正式印刷。

（1）上版　在柔性版印刷机上，印版是粘贴到印版滚筒表面上的。印版滚筒表面刻有标准刻度，根据印版对位的标准线，找好印版图文在印版滚筒表面的正确位置后，将印版粘住定位。

（2）版位的调整　印版粘贴后，要进行试印，进行纵向和横向的版位调整。如果印版图文位置歪斜，不能用调节机构调整时，必须用移动印版与印版滚筒相对位置的方法纠正，直到图文套印精确后才能正式印刷。

（3）刮墨刀的调整　刮墨刀起到刮除网纹辊表面多余油墨的作用。为了保证供墨效果和提高网纹辊的使用寿命，要调整好刮墨刀与网纹辊形成的角度，一般在 30°～40°。

（4）印压的调节　印刷机的印刷压力是由压印滚筒对印版的接触程度决定的，所以在印刷纸板或塑料薄膜及其他承印物时，应尽量用最小的印刷压力，否则对承印物有破坏作用。

（5）试印　经过调节后可进行试印。试印样张经过图文核对检查后确认合乎施工要求，即可签字付印。

第四节　凹版印刷

凹版印刷属于直接印刷，其图文部分的油墨直接从印版的凹入部分转移到承印物上。凹版印刷不同于凸版、平版印刷，凹版印刷的图文部分低于空白部分，是由凹陷的网穴或粗细不同的线条组成。由于制版方法不同，凹版有三种表现图像层次的方法：第一种是网点面积大小相同而网点墨层厚薄不同；第二种是网点墨层厚薄相同而网点面积大小不同；第三种是网点的墨层厚度和网点面积大小都不同。这就决定了凹版印刷是所有印刷方式中唯一一种可以通过墨层厚度表示图像层次的印刷方式。

一、凹版印刷的特点

凹版印刷是使用手工或机械雕刻凹版、照相凹版、电子雕刻凹版等印版的印刷方式。采用直接印刷。由于凹版印刷表现图像层次的方法有别于其他印刷方式，既有网点大小的变化，又有墨层厚薄的变化。因此，凹版印刷品的图像质量很好，这是人们公认的。凹印以四色及专色叠套的多色印刷使印品艳丽夺目，色彩浓烈，套印精度居中，以不透明聚酯感光阴图作原版（电雕或激光制版），制版费用相对较高。但由于墨层厚，使颜色密度充足，再辅以专色，被广泛用于大中批量的高档烟酒及食品精细包装所用的折叠纸盒印刷。目前，对于印刷品数量上百万印张的，凹版印刷仍是首选的印刷方法。凹版印刷的主要产品有有价证券、钞票、精美画册、烟盒、纸制品、塑料制品、包装装潢材料等。这些产品墨色浓重，阶调、颜色再现性好。

目前，凹版印刷在印刷市场上的占有率近 20%，凹版印刷机的走向是朝着多用途、多色高速、自动化、联动化和环保化方向发展。今后凹印仍然会有一定的印刷市场，但由于凹印印版制版的费用高、时间长，使凹印市场占有率将呈下降趋势。

二、凹版印刷机

凹版印刷机按用纸形状，分为单张纸凹印机和卷筒纸凹印机，现在使用最多的是卷筒纸凹版印刷机，如图 4-29 所示。

无论哪一种凹版印刷机都由输纸部分、着墨部分、印刷部分、干燥部分、收纸部分组成。其中着墨机构、印刷机构、干燥系统各具有特色。

1. 给纸机构

给纸机构由存纸装置和送纸装置组成，与平版印刷机的基本相同，不另详述。

2. 着墨机构

凹版印刷机的着墨机构由输墨装置和刮墨装置两部分组成。输墨的方式有直接和间

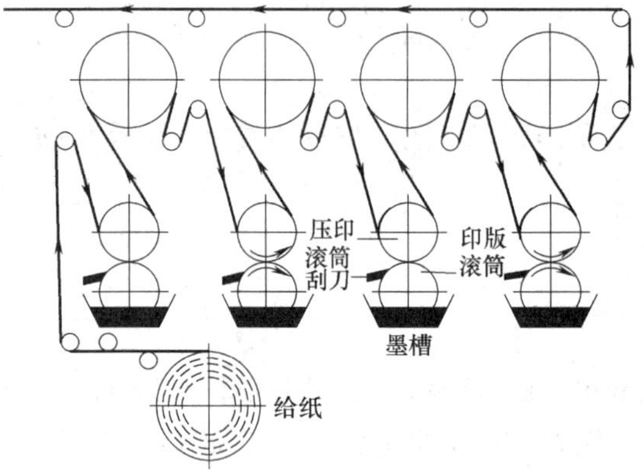

图 4-29　卷筒纸凹印机

接两种。

直接着墨方式是把印刷滚筒的 1/3 或 1/4 部分，浸入墨槽中，涂满油墨的滚筒转到刮墨刀处，空白部分的油墨被刮掉，如图 4-30（a）所示。

间接着墨的方式是由一个传递油墨的胶辊，将油墨涂布在印版滚筒表面，胶辊直接浸渍在墨槽里，如图 4-30（b）所示。

刮刀装置由刀架、刮墨刀片和压板组成。刮墨刀片的厚度、刀刃角度以及刮墨刀与印版滚筒之间的角度可以调整。

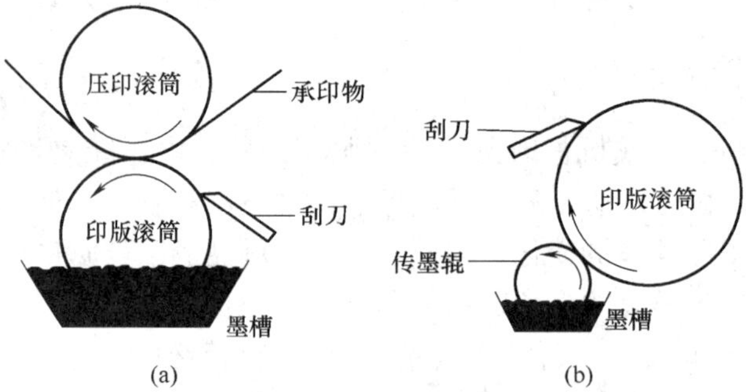

图 4-30　凹版印刷机的输墨装置
（a）直接着墨　（b）间接着墨

3. 印刷机构

由印版滚筒和压印滚筒组成。凹印是直接印刷，需要较大的压力，才能把印版网孔中的油墨转移到承印物上，因此，压印滚筒表面包有橡皮布，用以调节压力。

4. 干燥机构

用于凹版印刷机的干燥系统，可以采用红外线干燥，蒸气干燥以及空气干燥等。油墨干燥的速度应与印刷速度相匹配。

5. 收纸机构

凹版印刷机的收纸系统与平版印刷机的收纸机构基本相同。

三、凹版印刷工艺

凹版印刷由于印刷机自动化程度很高，制版质量好，且印刷中没有水的参加，没有水墨平衡的问题，因而工艺操作比平版印刷简单，容易掌握。

工艺流程如下：

印刷前准备→上版→印刷参数设定→正式印刷→印后处理

（一）印刷前准备

凹版印刷前准备工作包括详细了解付印施工单，准备承印材料，准备油墨，准备印版，准备刮墨刀。还要对印刷机进行润滑。上版前要对印版进行复核，检查网点是否完整，镀铬的印版有否脱铬的现象，文字线条是否完整无缺等。

（二）上版

上版操作中，要特别注意保护好版面不被碰伤，要把叼口处的规矩及推拉规矩对准，还要把印版滚筒紧固在印刷机上，防止正式印刷时印版滚筒松动。

（三）印刷参数的设定

在印刷产品之前，根据每一个产品的工艺要求，需要在印刷机上设定一系列的印刷参数。

（1）干燥温度　由于凹版印刷多采用发挥性干燥油墨，为了使油墨中的溶剂在印刷后快速挥发达到及时干燥的目的。印刷前必须准确地设定干燥温度。实际印刷中，干燥速度的调节应综合考虑多方面的因素，如印刷速度，印品墨量厚薄，承印材料的耐热性等，来确定干燥温度。

（2）印刷张力　承印材料在印刷过程中受到外来的拉力和阻力可称为印刷张力。张力控制机构是卷筒印刷机的重要机构，张力控制准确与否，在很大程度上决定了印刷品的套印质量。张力控制主要凭经验，一般根据承印物拉伸变形的特性、料卷的宽度和厚度来确定。

（3）印刷压力　印刷压力对印刷质量的影响非常重要，必须根据印刷的具体情况进行调节。一般的承印物表面平滑度越低印刷压力越大；承印物厚度越厚，印刷压力也越大。

（4）各色组平衡辊位置归零　各色组平衡辊是为了调整版子间图案不平行而设的，一般情况下应保持平衡辊与各导辊平行。防止因不平行而影响图案套准。

（5）印刷色序的安排　若在纸张上进行彩色印刷，印刷色序一般为：黑→青→品红→黄。而若在透明塑料薄膜上印刷，往往要以白墨铺底，即五色印刷，用白衬托其他色彩。又分里印和表印两种印刷方式，里印的印刷色序一般是：黄→品红→青→黑→白；表印的印刷色序则一般为：白→黑→青→品红→黄。

（四）正式印刷

在正式印刷的过程中，要经常抽样检查，检查印刷品网点是否完整，套印是否准确，墨色是否鲜艳，油墨的黏度及干燥速度是否和印刷速度相匹配，是否因刮墨刀不均匀，印张上出现道子，刀线破口等。若出现问题，应及时进行纠正、调整。

（五）印后处理

印后处理的主要内容有回收油墨、印版滚筒、刮墨刀、墨槽的清洗、印张的调整、印刷机的保养以及作业环境的清扫。

第五节　孔版印刷

孔版印刷是印版的图文部分，可透过油墨漏印至承印物的印刷方法。分为丝网版、誊写版、打字蜡版和镂空版印刷。誊写版印刷是用铁笔或其他方法在蜡纸上制出图文，随后在蜡纸上施墨印刷。打字蜡纸版印刷是用打字机在蜡纸上打成文字蜡纸版，随后在打字蜡纸版上施墨印刷。镂空版印刷是在木片、纸板、金属或塑料等片材上刻划出图文，并挖空制出镂空版，通过刷涂或喷涂方法使油墨透过通孔附着于承印物上。丝网印刷是由丝网模版、丝网和网框组成的一种孔版印版。丝网印刷是印版呈网状，印刷时印版上的油墨在刮墨板的挤压下从版面通孔部分漏印至承印物上。其中，丝网印刷发展最快，应用的最多。因此，本节重点介绍丝网印刷。

一、丝网印刷的特点

凸版印刷、平版印刷、凹版印刷一般只限于平面上的印刷，而丝网印刷的承印物既可以是平面的也可以是曲面的；既可以是表面光滑的也可以是粗糙的；既可以表面是刚体的也可以是弹性体的，甚至可以在易碎的玻璃器皿上印刷。因此，丝网印刷被称为“装潢印刷大王”。目前丝网印刷在电子行业、陶瓷贴花行业、纺织印染行业有广泛的应用。近年来，在包装装潢、广告招贴等行业也大量采用丝网印刷。丝网印刷大致有以下特点：

（1）版面柔性印刷压力小　丝网印版柔软而富有弹性且压力小，所以能在加压容易损坏的玻璃及陶瓷上进行印刷。

（2）不受承印物大小和形状的限制　丝网印刷不仅能在平面上印刷，还能在软质、硬质承印物材料和在特殊形状的圆柱、圆锥体等凹凸曲面上印刷，而且还可以印刷各种超大型广告画、垂帘、幕布。

（3）墨层最厚，遮盖力强　丝网印刷在四大印刷中，印迹墨层最厚，遮盖力强是无可比拟的。其墨层厚度分别约为：平印为1.6um，凸印为5um，凹印为12～15um，而丝网印刷可达30～100um，所以墨膜的遮盖力特别强。

（4）适用各种类型的油墨　用于丝网印刷的油墨，无论是油性、水性、合成树脂型还是粉体及涂料，只要能够透过丝网网孔细度的油墨和涂料都可以使用。

（5）印刷方式灵活多样　丝网印刷制版方便，价格便宜，印刷方式多样、灵活、技术易于掌握，而且它不受企业大小的限制，可以进行全自动化，也可以个体手工作业。

丝网印刷的承印物范围非常广泛，有人这样讲：除了流动水和空气不能印刷外，其他各种材料都可以印刷，如纸张、塑料、纺织品、金属、皮革、玻璃、陶瓷等。应用领域更是囊括了广告业、包装业（含商标）、印染业、制衣业、电子产品业、证券业等，甚至在美术、建筑、光盘、防伪印刷等领域都可见到它的身影。有资料表明，在电子工业中，丝网印刷工艺的市场占有率高达90%以上。如生产电视机，需要采用很多丝网印刷设备对开关、操作盘、显示屏、图像防腐、印刷电路板等零部件进行印刷。因此，丝网印刷技术的应用也推动了电视机等电子产品的发展。同样，丝网印刷技术也在航空、航海、航天工业得到广泛应用。在超大型和超薄型壁挂电视机的液晶显示屏上，也必须采用丝网印刷。导体、电极、电介体、电阻、电阻保护层等都有丝网印刷工艺的足迹。可以说，丝网印刷技术不仅是高科技含量的印刷技术，而且丝网印刷制作的产品直接服务于高科技。但是，作为丝网印刷设备的应用领域和发展前景却没有进入主流市场，没有得到各方面应有的关注。究其主要原因，是行业规模较小、技术含量较低、设备价值较小和生产效率低等因素所致。又因为大多数丝网设备制造企业为民营和个体企业，有一定规模的企业较少，媒体宣传不够，影响力远不如其他印刷方式在印刷业的影响大。因此，有必要研究一下该印刷方式的市场现状，以引起人们的更多关注。进入21世纪以来，丝网印刷设备市场趋于繁荣，销售额呈增长趋势。海关统计数据表明，2008年，我国丝网印刷机出口额同比增长60%，其中，圆网印刷机出口增长40%，平网印刷机出口增长20%，其他各种类型的丝网印刷机出口增长120%。虽然国内丝网印刷机制造技术在提高，但进口仍然处于增长趋势，2008年进口额同比增长10%。虽然丝网印刷机有着广泛的销售市场，也受到相关印刷方式的强烈冲击，如广告印刷就受到数字喷绘设备的冲击，原来以大型丝网印刷方式为主的街头广告、车身广告、灯箱广告等市场，已逐步被大型喷绘设备所取代。还有一些印刷方式，如热转移印刷、水转移印刷业也在侵入传统的丝网印刷市场。预计未来丝网印刷仍将保持较高的发展速度，技术上会逐步提升，产业规模会进一步扩大。权威人士预测，未来世界丝网印刷在印刷生产总产值中所占比例将上升到10%。毫无疑问，中国网印业正在孕育更大的发展空间和潜在市场。我国丝网印刷今后将向深度、广度发展。“深”就是向更高的水平发展，国际丝网印刷界早已广泛应用计算机设计、制版、电子刻绘等先进技术，而我国对这些新科技尚处于研究试用阶段；“广”就是开发新的丝网印刷产品，如室外大型丝印广告等。调查显示，中国网印业各类产品按厂家数排序为：标牌和面板、纺织品服装、塑料片材、广告宣传品、印制电路、灯箱等。一些新兴丝网印刷领域以超常的速度增长，如建材、制卡、光盘、防伪印刷等。

二、丝网印刷机

丝网印刷机有单色、多色，手动、自动的机型，又根据丝网版的形状特点分为平型丝网版印刷机、圆型丝网版印刷机。

丝网印刷机主要由给料机构、印刷机构、干燥机构、收料机构四部分组成。

1. 给料机构，收料机构

丝网印刷机的给料机构、收料机构与其他类型印刷机基本相同。

2. 印刷机构

（1）平型丝网版印刷机的机构主要由丝网印版、刮墨板、回墨板、丝网印刷台等所组成。其基本机构如图4-31所示。

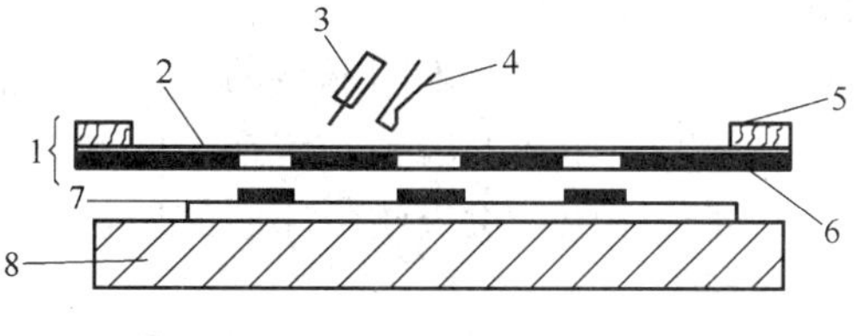

图4-31 平型丝网版印刷机机构

1—丝网印版 2—丝网 3—刮墨板 4—回墨板 5—网框 6—丝网模板 7—承印物 8—丝网印刷台

（2）圆型丝网版印刷机的机构主要由圆网版、供墨辊、刮墨板、印刷台（滚筒）等组成，其基本机构如图4-32所示。

3. 干燥机构

丝网印刷品的特点是墨层厚，印刷后要设干燥装置进行干燥。干燥装置有自然干燥和强制干燥两种。

（1）自然干燥　这种干燥装置属于物理干燥法，在使用挥发干燥型油墨时采用。有

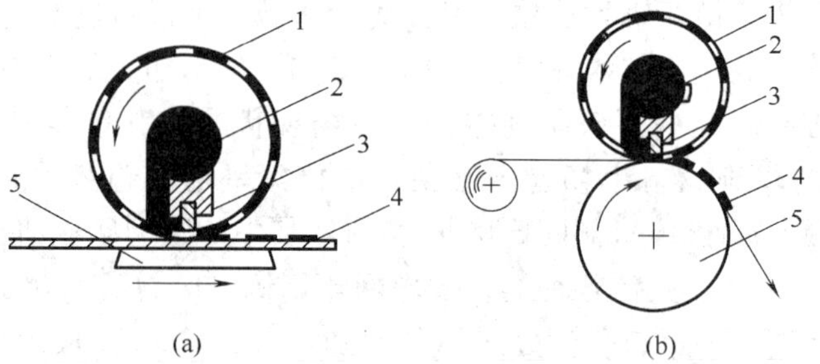

图 4-32　圆型丝网版印刷机结构

(a) 平台式　(b) 滚筒式

1—网版　2—供墨辊　3—刮墨板　4—承印物　5—印刷台（滚筒）

自然干燥和温风干燥。

(2) 强制干燥　当使用非挥发性干燥油墨印刷时，采用这种干燥装置。采用的干燥方式可根据使用的不同油墨，分别使用远红外加热干燥、热风干燥、微波干燥和紫外线固化干燥等。

三、丝网印刷工艺

丝网印刷可以采用手工方式或机械方式进行，印刷工艺以手工丝网印刷为基础。其印刷的基本原理是：印刷过程中丝网印版的一部分网孔能够透过油墨，漏印至承印物上形成图文；另一部分的网孔则被堵死不能透过油墨，在承印物上形成空白。丝网印刷工艺操作过程主要包括印前准备、安装网版、装刮墨板、装回墨板、油墨的选用、印刷。

1. 印前准备

丝网印刷的印前准备是必不可少的，它直接影响印刷品的质量。印前准备工作包括以下几个方面：

(1) 清理车间内的环境卫生，调整好车间的温度和湿度。这些关系到印刷品的版面清洁和多色套印精度。

(2) 了解承印物、承印材料的特性（包括规格大小、形状），根据承印物选择刮板。

(3) 塑料承印物的准备，包括表面预处理、消除静电等。

(4) 准备印版，检查丝版印版的质量，发现问题要立即修正，并用湿润的布轻擦版面，去除灰尘。

(5) 准备印墨，按印样调色，根据承印材料以及车间的温、湿度调整印墨的黏度。

(6) 检查烘干装置，调整烘房温度。

2. 安装网版

丝网印版与其他印刷方式的印版完全不同，在此介绍平型丝网版的安装注意要点：

(1) 确定印版的位置　因为丝网印刷机有手动、半自动、全自动印刷机之分，所以印刷时，印版运动形态各不相同。安装印版时应使印版面与印版台处在同一水平面上，调整好纵向和横向的位置，使网版上的图文部分与承印物的印刷位置基本对正。平面丝网印刷的规矩定位，一般都根据承印物的规格尺寸确定三点定位。

(2) 调整好控制印版与承印物之间的间隙　试印时要反复调整，达到印刷规定的标准网距为止。

3. 装刮墨板

刮墨板安装的位置、方向和平整度，要根据承印物的特点选定。选用刮墨板时，其长度要符合承印物规格，要根据承印物的特点和车间的温度，决定刮墨板的软硬度。刮墨板的高度、平行度和角度按规定调整好，先向上提起，试印时再徐徐下调，防止损坏丝网版。

4. 装回墨板

安装回墨板时，要调整好回墨板长度及方向与丝网上平面之间的平行度。

5. 油墨的选用

丝网印刷，应使用屈服值较低的油墨，油墨的黏度不能过高，要有良好的透过性能，并具有良好的干燥性及附着性。但是要获得理想的印刷效果，就要根据承印物材料的特点、图文结构和印刷要求等因素，选择油墨的种类，确定油墨的配比和耐用性能。

6. 印刷

正式印刷之前先进行试印。试印时应注意：置承印物于工作台或夹具上，徐徐放下刮刀，待刮刀将触及丝网上平面时，使刮刀边移动边继续放下，直至印出墨迹，复调压印角、网距、油墨黏度、刮印速度、刮印行程、对版定位……直至得到满意印品。

印刷过程中若发现印迹模糊和结网，便要进行擦版，擦版时刮刀应停在刮印终了位置。擦版时用软布蘸溶剂擦网版底平面，注意轻重适度，擦后应吸干版上溶剂。

如果是多色套印，各色印版必须进行对准印版位置，使前后各次印刷能套印正确，调整方法是调整网版与工作台相对位置。

在印刷品符合原样要求审查合格后签字，即可正式印刷。

思考与练习

1. 什么是平版印刷？有何特点？
2. 平版印刷机的组成及各机构的作用？
3. 平版印刷的工艺过程？印刷前有哪些准备工作？
4. 什么是无水胶印其印版版材结构如何？
5. 什么是数字印刷？数字印刷与传统模拟印刷比较有哪些优点？
6. 数字印刷有哪几种方式？
7. 凸版印刷的特点？
8. 凸版印刷机的结构及有哪几种压印形式？
9. 什么是翻版印刷、套版印刷？
10. 柔性版印刷的特点？
11. 柔性版印刷机由哪几部分组成？
12. 凹版印刷机的组成？
13. 凹版印刷的工艺流程？
14. 什么是丝网印刷？丝网印刷的特点？
15. 丝网印刷机的组成及工艺过程？

第五章　特种印刷

【学习目标】

掌握： 1. 各特种印刷的定义

2. 各特种印刷的印刷工艺过程

了解： 1. 各特种印刷的原理

2. 各特种印刷机的结构

【知识要点】

第一节　不干胶标签材料的结构、印刷工艺特点

第二节　表格印刷承印材料的结构以及印刷流程

第三节　激光全息印刷、工艺过程

第四节　立体印刷、工艺过程

第五节　数据卡制作工艺过程

第六节　木刻水印、工艺过程

第七节　盲文印刷、工艺过程

第八节　软管印刷、工艺过程

第九节　珂罗版印刷、工艺过程

特种印刷是采用不同于一般制版、印刷、印后加工方法和材料生产供特殊用途的印刷方式的总称。特种印刷与一般印刷的主要区别不是以版式为依据，而是从印前制版、印刷、印后加工方法和材料生产及用途方面来衡量。特种印刷是人为地将常规印刷以外的一些印刷方式进行划分的结果，随着印刷业的发展，特种印刷与常规印刷之间也会发生转变。特种印刷有的是因为油墨具有特殊性，如珠光油墨、金银油墨、香味油墨、变色油墨；有的是因为承印材料具有特殊性，如金属、软管、塑料、纸制品；有的是因为其产品的用途具有特殊性，如不干胶、贴花、复合包装；有的是因为其生产的工艺具有特殊性，如静电印刷、喷墨印刷、木刻水印；有的是因为其产品的效果具有特殊性，如盲文印刷、立体印刷、全息印刷等。因篇幅所限，本章只能对常见的一些特殊用途印刷品的印刷工艺作简略的介绍。

第一节　不干胶印刷

一、不干胶的原理

不干胶印刷是以商品标签、标牌为主要产品的印刷，故也叫商标印刷或标签印刷。

不干胶标签又称自黏标签、及时贴、即时贴等。

不干胶印刷使用专用的复合纸张进行，这种纸必须由纸品加工厂预制。一般是以纸张、薄膜、金属箔或特种材料为面料，背面涂有黏合剂，以涂硅保护纸为底纸的一种复合材料。印刷后用刀线轧印，剥去空白多余部分，在防粘纸上留下一定形状的印刷品，使用时将成品揭下来，只需轻轻一按粘贴到商品或包装物上即可，也可使用贴标机在生产线上自动贴标。不干胶材料的结构如图 5-1 所示。

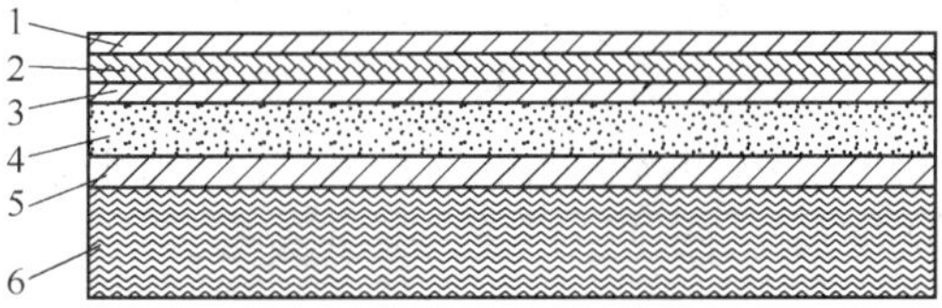

图 5-1　不干胶材料的结构

1—表面涂层　2—面料　3—涂底层　4—黏合剂

5—离型涂布（涂硅层）　6—底纸

不干胶标签印刷的特点是在标签联动机上同时加工，多工序一次完成，如图文印刷、模切排废、切张或复卷等。即一端为整卷的原材料输入，另一端为成品输出。成品分为单张或成卷的标签，成品标签可直接应用在商品上。

据了解，我国的不干胶标签印刷的需求量每年正以超出 20％的比率快速增长。目前我国的不干胶标签印刷市场大小为 4.5～5 亿 m^2，人均占有量仅 0.3m^2/人·年，而一些发达国家比如澳大利亚的人均占有量达到 12m^2/人·年。因此，我国的不干胶标签印刷市场具有非常大的潜力！现在，不干胶标签印刷在全球具有广阔的发展前景。以美国化妆品的外包装材料为例，不干胶薄膜标签占 35％，直接丝网印刷占 30％，不干胶纸标签占 11％，模内薄膜标签占 11％。可见，不干胶标签印刷在其外包装材料市场中占了 46％。

不干胶印刷对印刷方式的适应性较广。从理论上讲，平、凹、凸、孔四种印刷方式均可使用，但不干胶印刷多为商标贴纸，应针对其幅面较小、批量少、印刷内容简单、后道加工繁杂等特点，进行不同取舍。

1. 胶印

胶印适用于印刷图案精细（175lpi 以上）、套准要求高、批量较大（大于百万印次）、后加工需求少的业务，所以非不干胶印刷的首选印刷方式。但传统印刷企业依其已有的生产设备既可兼顾生产，又能创出可观的效益。

2. 网印

网印投资小、印刷墨层厚、印迹鲜艳持久，且印刷材料适应面广，最适合 PC、PVC 铭板类不干胶产品的印刷，但不适合印刷线数较高且有网点叠印的不干胶产品。

3. 凸版印刷

凸版印刷投资较小、印刷质量与印刷速度适中，一般的商标印刷机均可实现印刷—覆膜—打流水号—模切—自动排废的流水线生产，方便实用，为不干胶标签印刷的首选。

4. 凹版印刷

凹版印刷因其制版费用过高，所以不是很适合不干胶标签印刷。

5. 柔印

柔印生产线联机加工能力强，印刷质量较好，尤其是可使用水墨，具有环保优势。但柔印生产线投资较大，而且一般只适合大批量印刷。

国内不干胶标签印刷市场近几年持续高速增长，年均增长率在20%以上，从原材料生产、印刷加工工艺、标签生产能力到设备的引进及国产化都有了一定的发展。随着电子产品及家用电器的日趋多样化和普及化，不干胶产品的用途将更加广泛；且随着新材料的合成和新工艺的实现，不干胶印刷的范围将不断扩大。总之，不干胶印刷将作为印刷家族中的一支奇兵，快速发展。

二、不干胶印刷过程

不干胶印刷使用标签印刷机，该印刷机使用卷筒纸，主要结构如图5-2所示。一次输纸、收纸，可以完成印刷、烫金、上光（或覆膜）、模切、排废收卷和裁切复卷等工序。也就是说，一端为原材料输入，另一端为成品标签输出。

许多不干胶印刷的产品，还用于药品、卫生以及食品包装方面，因此，使用水性油墨的柔性版印刷，在不干胶印刷中应用得越来越多。

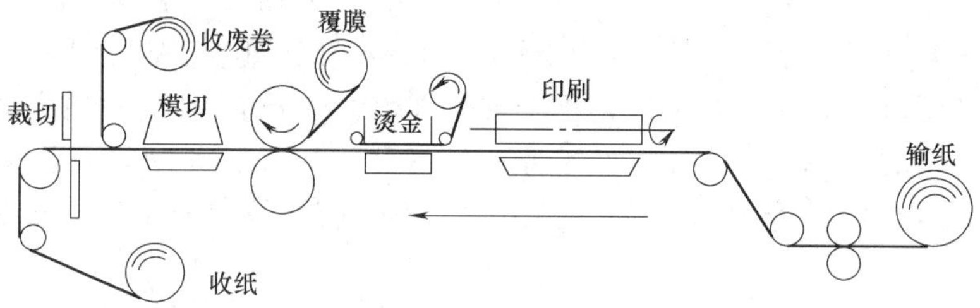

图5-2 不干胶印刷标签印刷机结构

不干胶标签印刷机的最大特点是多功能联机作业，按照标签印刷机的输纸特点可分为：间歇式输纸、连续式输纸和往返式输纸三类。①间歇式输纸标签机。即卷筒纸间歇运动，当纸张静止时执行印刷和各加工工序，纸张运行时各加工工序不与纸张表面接触，周而复始，完成标签印刷加工。此类标签印刷机主要是凸版印刷方式（极少量为丝网印刷），印刷方式有圆压平和平压平，模切方式采用平压平。②连续式输纸标签机。同轮转印刷机相同，此类标签印刷机主要采用凸印和柔印的印刷方式（极少数采用胶印和凹印方式），由于是连续式输纸，所以印刷为圆压圆，模切方式有圆压圆和平压平两种形式，适合印刷高档标签和各类彩色标签。③往返式标签印刷机。是指卷筒纸在标签机上往返运行实现印刷和模切。当印版与印刷材料接触时，卷筒纸向前运行，实现印刷。完成印刷后的印版滚筒继续转动，而卷筒纸则在印刷滚筒和压印滚筒之间向后运动。该机型为新型的传动方式的圆压圆印刷。

不干胶标签印刷目前有单张纸印刷和卷筒纸印刷两种印刷加工方法。单张纸标签印刷以包装装潢类为多。常用的印刷方法为胶印、凸印和丝网印刷。印刷工艺流程同其他单张纸印刷加工相似。根据标签的设计要求在单机上依次加工，手工排废，标签由人工粘贴到物品上。此种印刷加工方法为目前我国不干胶标签印刷所普遍采用。另外，卷筒纸不干胶标签印刷是国际上最通用的印刷加工方法，由专有的标签印刷机和加工机完成。不同的标签机有不同的功能，但基本的工艺流程相同，可根据标签的不同设计选择不同的工艺路线。卷筒纸标签印刷工艺流程如图 5-3。

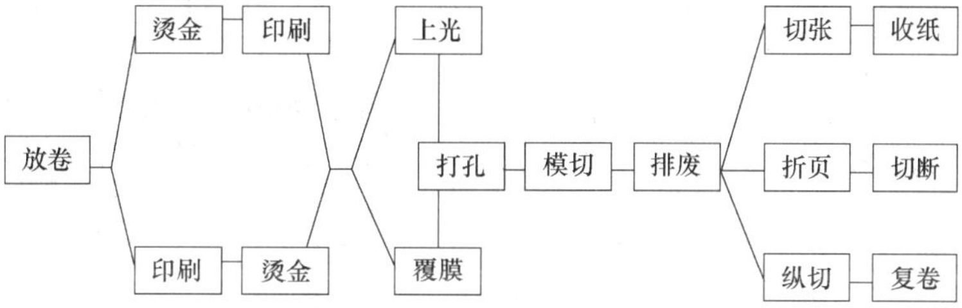

图 5-3 卷筒纸标签印刷工艺流程

三、不干胶标签的应用

不干胶材料按其应用特点可分为两大类，即装潢用材料和商标用材料。

（1）装潢用材料　以薄膜材料为主，如汽车上的装饰贴花，商店橱窗上的标识文字，公路上的反光膜，集装箱上的标记等。此类材料一般为 PVC 材料，可户外用。采用特种黏合剂，有良好耐气候性和耐腐蚀性。一般不印刷或只用丝网印刷。加工方法为电脑刻字或只模切加工，有各种颜色。

（2）商标用材料　以纸张和薄膜为主，按应用范围分为基础标签和可变信息标签。基础标签包括食品和饮料、化工产品、药品、办公用品、玩具、洗发水、电器、卫生用品等商品用标签；可变信息标签包括批号、次序码、条形码、生产日期、有效期、价格、邮寄过程信息处理、分销、仓库管理、库存数据等。

与传统的标签相比，不干胶标签不用刷胶、不要浆糊、不要蘸水、没有污染，可节省贴标时间，方便快捷地应用在各种场合。采用不同的面料、黏合剂和底纸可加工成各类标签，应用在一般纸张标签所不能胜任的材料上，可以说不干胶标签是一种万能标签。

第二节　商业票据印刷

商业票据印刷也称为表格印刷，是指印刷的内容大多为表格或简单的图案。例如支票、发票、彩票、奖券、铁路货运单、收费单据、飞机票、帐单、信息记录纸等。

资料显示，历经十多年从无到有的发展，我国商业票据市场已经形成一定规模的产业，并且每年还以 15％～20％的速度增长。目前，国内从事票据印刷的企业达到 1200 多家，其中安装有商业票据轮转印刷机的企业有 300 多家，业务涉及税务、银行、财政、保险、证券、交通、邮政、电信、海关、物流等相关行业。其经营服务方式已纷纷与国际先进服务方式接轨。随着信息产业的不断发展，国民经济运行质量的不断提升，票据将会有较大的发展空间。特别是国家税务改革，以及伴随而来的票证改革，这给商业票据印刷带来了新的商机，每年将以两位数的速度迅速增长。

今后，随着经济发展，商业票据的应用领域的不断迅速扩大，各行各业使用将会越来越多，社会对票据的印刷技术也会提出更高的要求，票据的印制也将采用更多的高科技技术，使商业票据印刷得以发展、繁荣。

一张完整的表格印刷成品如下图 5-4 所示。除完成标题表格、号码等印刷以外，若是有碳复写的票据，还要在背面进行涂碳印刷。如果是压敏型无碳复写票据，为了去除某部位的方向能力，需要进行减感印刷。印刷后的印张，还需进行打孔、打龙线（打折叠线）、切边、折叠、回卷等印后加工。

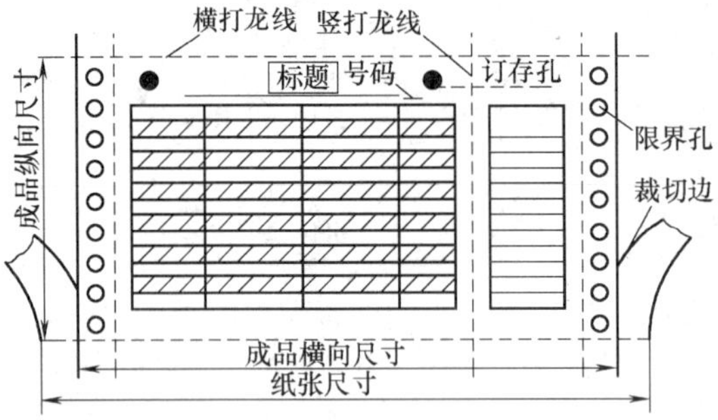

图 5-4　表格印刷成品示意图

为了满足各种票据、表格的特殊用途，票据印刷品又可根据票据背面是否涂印碳墨，分为涂碳复写纸票据和无碳复写纸票据。

涂碳复写纸票据是在普通票据背面涂印碳墨层，使用时，通过压力作用把有颜色的碳墨转移到下面一张纸面上形成字据，它具有储存期长，不怕水，不怕光晒，颜色多样，成本低廉的特点，目前仍在广泛使用。

无碳复写纸又称为压敏纸，它的外观与普通纸一样，是一种隐色复写纸，具有直接复写、直接显色的功能。压敏型无碳复写纸还可分为它显色与自显色两种，其中使用较多的是它显色无碳复写纸。无碳复写纸的结构如图 5-5 所示。

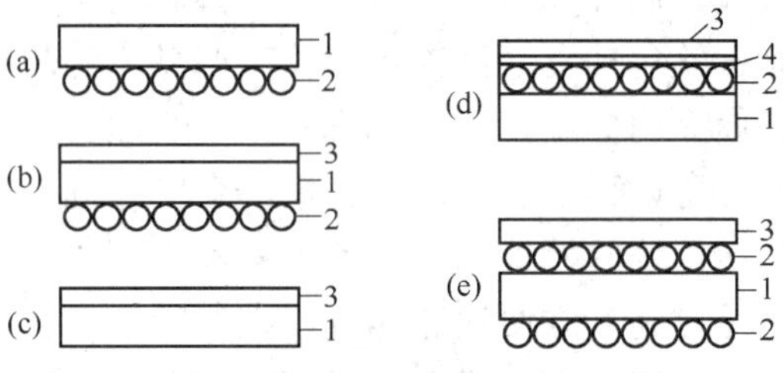

图 5-5　无碳复写纸种类与结构

（a）上页纸　（b）中页纸　（c）下页纸

（d）自显色纸　（e）自显色纸上页纸

1—原纸　2—微胶囊涂层　3—显色剂涂层　4—隔离层

它显色无碳复写纸至少要两张纸叠压在一起才能显色，其结构如图 5-5 中的（a）为上页纸，该种纸张背面涂覆微胶囊；（b）为中页纸，该种纸正面涂覆显色剂，背面涂覆微胶囊；（c）为下页，纸该种纸正面涂覆显色剂。自显色纸的结构如图 5-5 中的（d），纸面涂层由两部分构成：显色剂涂层和微胶囊涂层。自显色层可以不需要多层叠加，自身在压力的作用下，微胶囊破坏，无色的成色剂流出，与显色剂相遇，同时产生化学反应而显色。另外，（e）为自显色上页纸，除了可以自显色外还可以使中页纸或下页纸显色。

一、表格印刷机

表格印刷机比平版、凸版、凹版、孔版印刷机的结构都复杂，如图 5-6 所示。

由输纸、印刷、印后加工三大部分组成。所有的表格印刷机，输入的都是卷筒纸，输出的一般为可以检验包装出厂的成品，也可以把印刷过的纸张，进行回卷，留待再一次印刷。

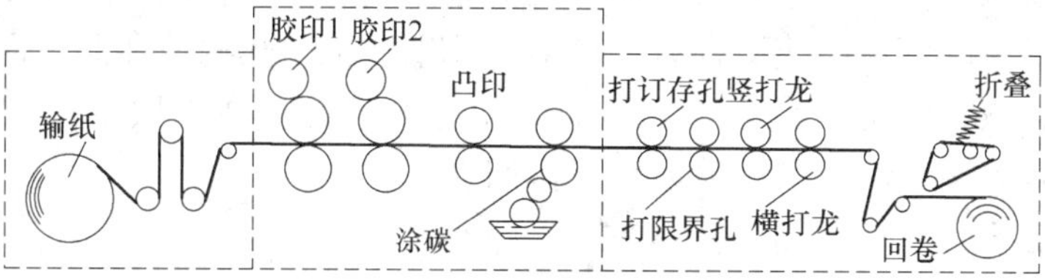

图 5-6 表格印刷机结构示意图

二、表格印刷工艺

表格印刷机为高速卷筒轮转印刷机，印刷与印后加工联机作业，如果某一工艺环节发生问题，将会造成大批量的废品。

1. 输纸

卷筒纸安装在表格印刷机的给纸轴上以后，通过动力输纸辊使其转动而将纸带输出，纸带在张力控制系统的监控下，以恒定的拉力经过导纸辊、自动控制装置，以直线状态连续不断地被输送到印刷部分。

表格印刷的纸张，定量范围较宽 30～200g/m^2 的卷筒纸都可以使用，常用的是 40g/m^2 左右的表格专用纸张，70～80g/m^2 的胶版纸和压敏型无碳复写纸。

2. 印刷

表格印刷机的印刷部分，是表格印刷机的核心，承担标题、表格、底纹以及涂碳或减感等印刷的任务。表格印刷机的印刷部分，一般由平版印刷、凸版印刷单元组成，也有采用单一的平版印刷方式的。为了适应高速、多色、印刷幅面多变化的表格印刷，本单元的机组可以互换，平、凸印刷单元的机组也可以互换。如果更换上相应的号码轴或号码机组，即可进行打号码印刷。

(1) 平版印刷　平版印刷单元，使用 PS 版印刷，为了提高套印精度，应选择厚度均匀、弹性模量较大的印版。因为印刷后的印张，要输送到表格印刷机的印后加工部分，进行限界孔和横打龙孔的加工，所以印版上除晒有十字线定位标记外，还要有孔位标记如图 5-7 所示。

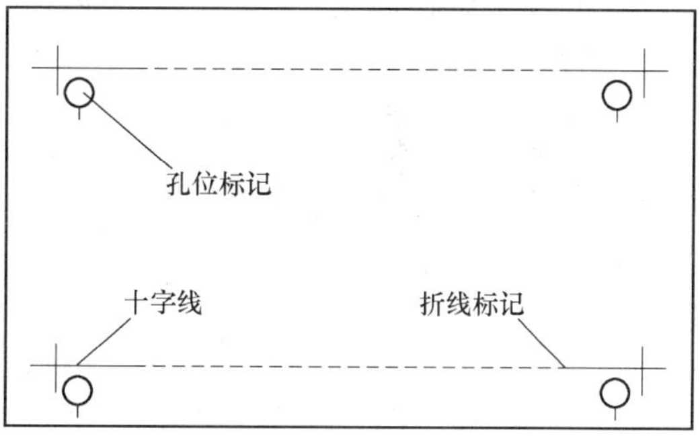

图 5-7 印版定位标记

平版印刷单元的橡皮滚筒，使用背面带有胶粘剂的橡皮布，直接粘贴在金属筒体的表面，属于硬性包衬印刷压力较大，图文变形量小，线条清晰。

(2) 凸版印刷　凸版印刷单元是将弹性较好的固体树脂版，用双面胶直接粘贴在印版滚筒表面进行印刷的。但是，印刷压力应比铜锌版小，否则会导致印版变形，引起“糊版”故障。

（3）涂碳与减感　涂碳印刷是把复写油墨涂布到印张的背面，省略了普通票据需夹入复写纸才能复写的麻烦，使用含石蜡热熔性油墨，由耐热橡胶印版，印在纸上，常温即固着于纸面。减感印刷是在印张上不需要复写的部位或在上层纸的背面印上减感油墨，降低复写时的接触性，使其失去复写作用。

3．印后加工和折叠、回卷

为保证多层配页表格对位准确，同时又适用于计算机纸孔定位输出使用，表格印刷机的印后加工部分一般带有简单的在机打折页孔、分切、排废、折叠页或回卷装置。

打折页孔装置由订书孔打孔机构、限界孔打孔机构、竖打龙、横打龙机构等组成。

打孔机构由孔钉轮和孔模轮组成，更换不同形状的孔钉、孔模，能打出不同形状和直径的孔眼。

竖打龙机构由底滚筒、滚轮轴、竖打龙滚轮、滚轮离合杆等组成。横打龙机构由底滚筒和打龙滚筒组成。在竖打龙滚轮和横打龙滚筒上分别安装着刀片，调节刀片和底滚筒之间的压力，以正好把纸张压透为宜。经过打龙加工的印张，在摆动输纸器的往复摆动下，被输送到螺旋折纸轮，由折纸轮完成折页，再由输送皮带输出。

表格印刷机的回卷部分，由电机、摩擦张力器、过纸辊、纸辊、重力辊等组成。在印张复卷过程中，通过调整灯闪频率来观察规矩的套准情况，以保证再次印刷时的套准精度。

第三节　全息照相印刷

全息印刷是以全息照相为基础发展起来的。普通照相通过照相机镜头或摄影机镜头把景物上各点反射过来的光记录在感光片上。它仅仅是把景物散射光的振幅记录下来，所得到的是与真实物体相差很大的二维图像。而全息照相是用激光干涉的方法把物体散射光波的振幅和位相全部以干涉条纹的形式记录下来，即物体的全部信息记录在一种载体上。激光全息印刷也称为全息照相印刷，它是通过激光摄像形成的干涉条纹，使图文显现于特定承印物上的技术。在普通光源下图像通过对光的干涉最后作用于人眼，使眼睛能识别其图像，并不需要油墨作为色彩的显色体。

一、全息印刷的工艺过程

全息印刷的工艺过程如图 5-8。

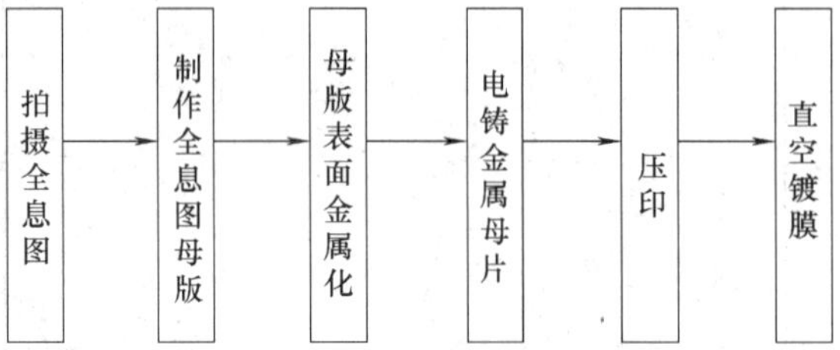

图 5-8　全息印刷的工艺流程

1．拍摄全息图

将激光器发出的激光，用分光器分成两束，一束光经反光镜和扩束镜照射到物体上，再经物体漫反射到达感光片上；一束光经反射镜和扩束镜直接照射到感光材料上。如图 5-9 所示。两束光在感光片上发生干涉，形成无数明暗交替的极为细密的干涉条纹，1000～3000 条/mm。干涉条纹被记录在超微粒的感光片上，经冲洗，得到一张全息图片。这张全息图片很像一个按正弦规律明暗交替变化的光栅。

2. 制作全息图母版

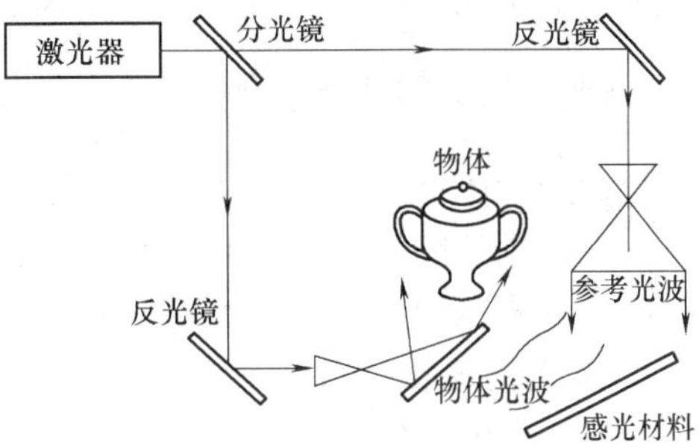

图 5-9　全息照片的拍摄

如图 5-10 所示，在全息照片与涂有光致抗蚀剂的感光版之间放一有狭缝的挡板。由激光器发出的激光经分光镜被分成两束，一束光经反光镜 A 反射至扩束镜 A，扩束后照射在全息照片上经衍射在照片的后方产生原物体的实像，用实像作为物体光波。通过狭缝照射到感光版上；另一束光经反光镜 B、扩束镜 B 直接照射在感光版上，两束激光在感光版上产生干涉，形成“实像”的干涉条纹，再经曝光、冲洗处理，便得到一张浮雕型位相信息图，此信息图便是制作全息片的母版，它由凹凸不平的细密条纹组成。

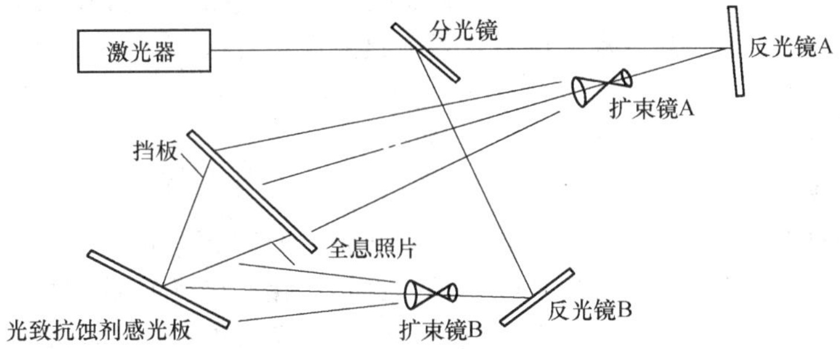

图 5-10　制作全息图母版

3. 母版表面金属化

母版如图 5-11（a），对其表面进行金属化处理。使母版表面形成一层导电层。通常采用的方法有化学沉积镀银法、喷镍法、喷射镀银法等三种。这三种方法均能形成导电层，但不会破坏母版表面的干涉条纹。

4. 电铸金属母版

在金属化的母版表面，电铸硬度较高的镍，制成机械性能良好的金属模版。如图 5-11（b）。

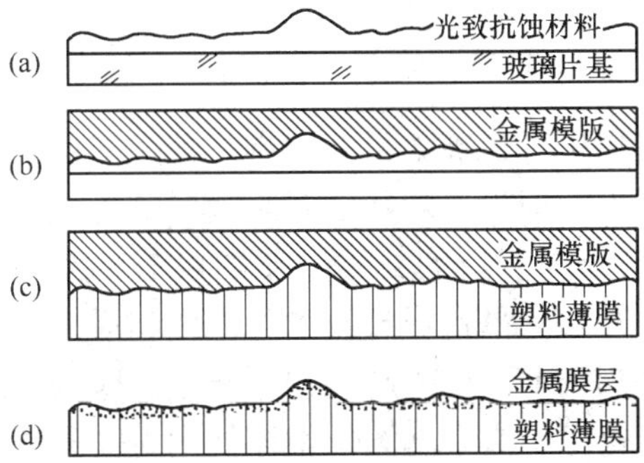

图 5-11　金属母版
（a）母版　（b）电铸金属母版
（c）压印　（d）真空镀膜

5. 压印

将金属模版安装在压印机上，用性能良好的聚氯乙烯薄膜进行热压，将浮雕型全息图压印在薄膜上。如图 5-11（c）。

图 5-11 全息图片的制作过程。

6. 真空镀膜

在聚氯乙烯薄膜的表面真空蒸镀一层铝膜，以提高膜的反射率，如图 5-11（d），获得清晰、明亮的图像。

为保护铝膜表面不受损伤，在铝膜表面再蒸镀一层氧化硅膜或塑料膜。

二、激光全息印刷产品的应用

激光全息印刷产品的应用范围广泛，人们通常接触的是激光全息防伪标识。由于它不易伪造，用于制作商标或有价证券、身份证的防伪标记。激光全息制品的流行趋势是大幅面、真彩色的激光全息宽幅制品。以下介绍在包装印刷中的应用。

1. 激光全息电化铝

激光全息电化铝与烫印技术相结合，可在印刷品表面形成绚丽多彩的图案，其特点是烫印后，图案可永久保存，具有很强的防伪功能，能够提高烫印装潢档次，增强商品的保真程度。主要用于烟盒、酒盒、化妆品、药品和食品等的包装。

2. 激光全息膜

BOPP（双向拉伸聚丙烯）薄膜是发展最快、生产厂家最多、也是应用最为广泛的产品。BOPP 激光全息膜在食品、药品、化妆品、洗涤用品、饮料和烟类等商品的包装装潢方面都有应用。其图案可永久保存，可直接彩印，在膜的两面都能看到清晰的全息图案。采用 BOPP 激光全息膜包装的商品在国内超市处处可见。其图案可以根据客户的要求制作，在防伪、促销方面起到了积极作用。

3. 激光全息布

激光全息布的加工工艺是将激光全息图案从膜上转印到布匹上。这是国际市场刚开始流行的产品，随着激光全息布的升温，国内许多厂家开发并开始生产激光全息布，而其主要原材料之一——激光全息烫布用电化铝也进入了升温阶段。但由于受技术及设备的限制，目前能够独自开发并生产成品供货的厂家还很少。

4. 激光全息纸

激光全息纸不含任何塑料成分，符合国际有关组织已提出“使用绿色包装，保护生态环境”的口号。在激光全息纸的表面可直接彩印，图案可以根据用户要求设计，能够起到整体防伪装饰的效果，由于纸不会污染环境，也可以回收再生，因此激光全息纸备受商家青睐，能够广泛用于烟草、医药、保健品、茶叶、化妆品和酒类等商品的包装装潢。

三、激光全息照相技术的发展趋势

不可否认的是，激光全息防伪标识在使用过程中，也被大量的仿制，甚至能以假乱真，这给消费者、使用企业和生产企业带来了巨大的损失。对从业者来说，这既是压力也是动力，在和假冒伪劣斗争过程中，也开发出来很多新的技术、新的设备、新的工艺。特别是新的制版技术有了很大的发展，由最开始的平台照相技术，发展到后来的计算机全息点阵技术，现在更出现了计算机全息照相技术。越来越多的激光全息防伪技术陆续被开发，如激光加密技术、计算机编码加密技术、文字和图像微缩技术、真彩三维技术、计算机 OVD 光变技术、与其他方向的防伪技术相结合的综合防伪技术等。同时，不断创新的激光全息防伪技术与纸张印刷、包装材料相结合的发展方向也是我们的未来前进之路。

第四节　立体印刷

立体印刷是指其成品的视觉效果具有立体感的印刷方法。普通的照片、图画以及一般印刷品的图像显示，只是表现了物体的二维关系，没有立体感。而现代的立体印刷技术，使图像显示出物体的三维关系，印刷品的图像层次丰富，形象生动。具有很强的立体视觉效果。立体印刷广泛应用在包装装潢中以及文化用品、玩具、标识等印刷品中。

一、立体印刷的原理

立体图像的制作原理是：由于人的两眼间距大约有 6cm，观看同一物体时能产生视觉立体效果。立体印刷品的表面覆盖上一张栅距为 0.6mm 左右的塑料柱镜板，相当于柱面光栅板每厘米有 48 条凹凸线，每条下面有 6 个像素，光栅起到把像素分别映入左右眼的作用，看到的是各自相对应图像，由于左右眼视角不同，重合的图像通过视觉神经便产生了立体感觉的图像，这种印刷方法也叫光栅板法。

制作立体印刷品的原稿不同于一般摄影方法获取的立体照片，是用专用的照相机拍摄的立体照片。

二、立体印刷工艺

立体印刷的主要工艺流程是：

拍摄立体照片→分色加网制版→印刷→光栅板贴合→成品

1. 拍摄立体照片

立体印刷，必须以立体照片为原稿，因此，要进行立体摄影。

立体摄影的方法是将一块栅距为 0.6mm 的柱面光栅板直接加装在照相机的感光片前面，在一定的视野内移动照相机，把被摄物连续地拍摄下来。拍摄前要对被摄物的位置、角度、中心点以及光栅板的间距等进行精确的计算。

2. 分色加网制版

将立体照片进行分色、加网并制出四块印版。制版方法与平板制版相同，一般使用 PS 版印刷。因为柱面光栅有放大作用，故要采用高网点线数制版，加网线数在 120 线/cm 以上。同时因为柱面光栅板是平行的直线条，直线条与网点极易产生闪动光晕，所以网点角度不同于普通印刷，要避开使用 45°和 90°的网点角度。表 5-1 为国内外厂家使用的加网角度。

表 5-1　　一般厂家使用的加网角度

栅距 /mm	分色线数 /(线/cm)	加网角度			
		Y	M	C	K
0.25	100	50°	20°	65°	65°
0.31	81	66°	22°	51°	51°
0.44	58	50°	20°	65°	65°

3. 印刷

立体印刷一般采用平版印刷方式。套印精度应该小于0.01mm，选用表面平整光滑，伸缩变形较小的铜版纸印刷，否则会影响图像的清晰度和立体感。

4. 光栅板贴合成型

光栅板与印刷品的贴合成型，是立体印刷的关键性工序。

(1) 光栅板模具制作　刻制光栅板的刀具采用合金材料，制作时按光栅尺寸预先画好样板，然后将样板覆在投影仪的对光板面台上，用金刚钻膏对刀具手工研磨，使刀的弧形符合所设计的几何圆弧，这种刀具刻制的光栅板质量才能达到技术标准。

(2) 贴合成型　光栅板的模具刻制完成后，即将印刷品与压制的光栅板复合成立体印刷品。立体印刷品有硬塑立体图片和软塑立体图片印刷品之分。硬塑立体图片用聚苯乙烯原料注塑成型的光栅板复合在印刷品上制成产品；软塑立体图片用PVC软塑薄膜材料在光栅压模机上与印刷品复合成产品。

三、立体印刷的应用及发展趋势

立体印刷，那如魔似幻的变化对人们的诱惑由来已久，但因其制作成本高昂，且往往需大批量印制，以致多年来未见普及，技术发展也不温不火。而随着光栅技术的开发和计算机制版技术的参与，降低了立体印刷的门槛，随即，立体印刷市场在一些立体印刷技术及设备开发商和立体印刷企业的共同培育下，萌发出新的生机。

近几年来，立体印刷市场从采用传统技术印制立体印刷品到引进国外先进的光栅技术和计算机制版软件，再到应用先进的数字印刷设备，使我国立体印刷有了较大的发展。

1. 立体印刷应用市场

(1) 情趣商品市场　如流行卡通、附加于各种鞋、帽、衣服、皮具等商品的标徽、彩虹提包、各类贴纸、图片等；

(2) 文具市场　如学生用书包、变异尺、笔盒、课程表等；

(3) 灯箱广告市场　如地铁广告、产品展览图片和室内立体广告、灯箱等；

(4) 装饰市场　如餐垫、家庭装饰挂画、婚纱照、各类相关制品等。

由此看来，立体印刷工艺的应用市场十分广泛，立体印刷的品种繁多。

2. 立体印刷市场发展趋势

立体影像科技分享的现成市场潜力有多大，根据美国2000年市场分析统计，立体产品的市场需求如下：

(1) 消费者摄影市场　彩色照片约为500亿张/年。

(2) 人像及婚纱摄影市场　人像摄影市场经营额为40亿美元/年。

(3) 陈列、广告图片市场　陈列广告宣传及图片市场经营额为118亿美元/年。

(4) 贺卡市场　贺卡市场经营额为32亿美元/年。

我国经济正在飞速发展，人民收入和生活水平显著提高，消费市场迅速扩大，消费能力日益提高，消费需求日益多样化，尤其是旅游业消费极速膨胀，而大众立体广告图片、人文观景图片、旅游纪念品、广告招贴、各种纪念卡片与旅游消费密不可分。近几年，我国影像市场有望达到15%的全球份额。其他领域，如药品、化妆品、服装的标识产量也在数千亿枚以上。市场需求十分明显。

目前，我国与发达国家相比，立体印刷的市场占有率差距还很大。在立体印刷领域，既懂印刷又会制作立体图片的复合型人才不足。国外立体印刷技术的引进，为我国立体印刷降低制作难度和成本以及发展提供了良好的契机。随着我国经济飞速发展，人民群众物质生活和文化生活水平显著提高，消费市场迅速扩大，消费能力日益提高，立体印刷业将会有较大发展。

第五节 数据卡制作工艺

随着科学技术的发展，数据卡不仅在制作方面还是在产品以及应用方面都有了极大发展。由于具有携带方便，减少货币流通，使用安全，易于保存等特点，几乎被应用于当前社会的各个领域。加之印刷精良，深得人们喜爱，数据卡正成为人们生活中必不可少的印刷品。

一、数据卡的分类及应用

1. 数据卡的分类

数据卡的分类如图 5-12 所示。

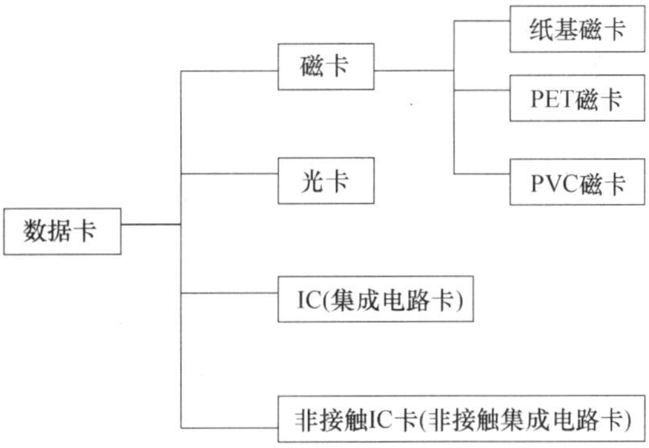

图 5-12 数据卡的分类

2. 数据卡的应用

数据卡的名称及用途参见表 5-2

表 5-2 数据卡的名称及用途

应用领域	数据卡名称	设 备 系 统
金融	现金卡、信用卡、证券卡 银行客户卡	ATM 系统、银行客户自动查询系统 POS 系统、证券买卖支付系统
保险、税务	社会保险卡、税务征管卡	保险系统、证券买卖支付系统
交通运输	磁性车票、登机卡、加油卡 高速公路收费卡 停车场收费卡	自动售票、检票系统、高速公路收费系统 机场自动离港系统、加油站 POS 系统 停车场自动管理系统
商业流动	预付购物卡、电表收费卡 医疗保险卡	磁卡收费机、IC 卡电表 医疗管理系统
事务管理	库存、生产管理卡、考勤卡 职员 ID 卡、学生 ID 卡	生产管理系统、考勤管理系统 食堂小卖部、图书馆、消费管理系统
服务行业	会员卡、贵宾卡	各类社会团体、俱乐部、宾馆、酒店、美容院等
通信	电话卡	磁卡 IC 卡电话机
保安	钥匙卡	磁卡 IC 卡 非接触 IC 卡

数据卡的种类较多，应用范围广，此节只介绍 PVC（聚氯乙烯）卡的制作。

二、PVC 磁卡

1. PVC 磁卡及其结构

（1）PVC 磁卡　PVC 磁卡是在一定规格的 PVC 基材表面覆盖一磁性层，它是一种电磁技术、塑料加工技术和印刷防伪技术为一体的产品。其工作原理是利用磁性层内磁记录介质所特有的磁滞现象记录信息。当写入信息时，写入磁头将产生一外加磁场作用于磁性层表面，使磁介质按图 5-13 中的（a）曲线变化达到最大磁感应强度 Bs，当外加磁场消失后，磁介质中就会按 b 曲线的变化产生剩余磁感应强度 Br，当读出磁头经过时，磁感应强度在读出磁头中产生感应电压，读出记录信息。

（2）PVC 磁卡的结构　PVC 磁卡的结构如图 5-14 所示。

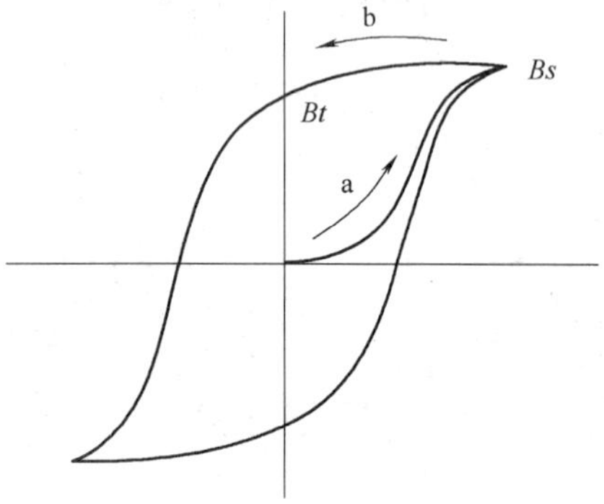

图 5-13　磁感应曲线

图 5-14　PVC 磁卡的结构

卡的结构根据生产设备及其应用的不同而有区别，中间的硬质 PVC 白片，可选择一层，有的卡只选择硬质 PVC 白片，但印刷后，表面应印刷一层耐磨层，以保护图文。此外，选择的材料可根据实际情况而定。

2. PVC 磁卡的制作工艺

因设备、材料不同，制作工艺也有区别，但基本过程如下。

（1）设计　根据用户提供的技术说明书及本企业工艺条件设计磁卡图文。

（2）制版打样　打小样，交客户确认签字后连版，连版尺寸应与层压机、模切机所要求的规格尺寸相一致。打出连版样要校核连版尺寸。

（3）印刷　PVC 磁卡属于塑料印刷，一般采用平版印刷和丝网印刷。

（4）检查　磁卡材料价格较高，不合格的半成品绝不能进入下一道工序，必须要进行严格检查。

（5）裱磁　在专用的裱磁机上，将转移磁带的胶层与 PVC 透明膜相接触。在一定的速度下，经热压磁性后与 PVC 透明膜黏合，同时将带基剥离。

（6）点焊　将裱磁和未裱磁的 PVC 透明膜各一张放在印刷好的硬质 PVC 白片两边，按照一定的规矩，在最少两个点的位置上，经热压点焊在一起。

（7）层压　将点焊后的 PVC 材料夹在层压板中，放入层压机，在一定的时间内施加压力和温度，使其成为一体。

(8) 模切　将层压好的PVC材料模切成单个卡片、模切尺寸要严格符合ISO标准要求。

(9) 检查　检查单个卡片的质量，避免废品进入下一道工序。

(10) 加工　在卡的指定位置热压全息图、签字体、打凸码、烫金或烫银。

(11) 检测　检验磁卡的印刷质量，四边有无毛边，表面有无气泡、凹痕等外观质量。

此外，还要检测磁卡尺寸、凸码高度、层压牢固度、磁条的耐磨性、耐化学药品性等。

第六节　木刻水印

木刻水印也称木板水印，是我国特有的印刷术，已有一千多年的历史，专门用来复制我国特有的水墨画、彩墨画和绢画等手迹艺术品。印刷出来的成品，能保持原作的笔调、气韵和风格，能达到乱真的效果，被誉为“再创造的艺术”。

木刻水印，完全依靠手工来制作，印刷版的制作是用手工雕刻而成，首先在平板上勾描出各种图文形状，用刀具挖去平面木板上不需要图文的部分。在雕刻好的木板上，涂以传统绘画用的水彩颜料，再用经过转印得到复制的版画作品。

木刻水印的特点是复制古今名画，达到酷似原作的程度，但印刷版的雕刻困难，色版数多、生产过程长、印量少、成本高，所以，产品多以复制高级精细古代字画为主。

木刻水印主要有以下4道工序，图5-15为木刻水印工艺流程图。

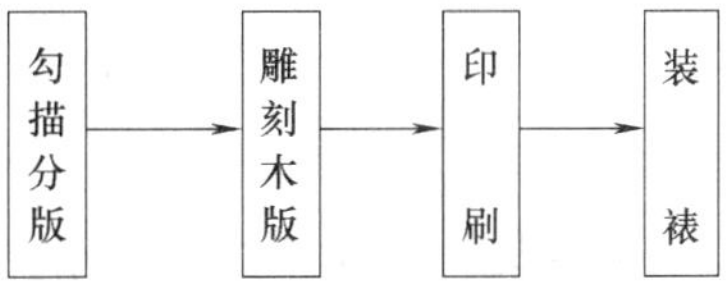

图5-15　木刻水印工艺流程

1. 勾描分版

首先对原稿的色彩层次，浓淡虚实和画家的风格、艺术特点及画面大小进行仔细的分析。然后把原稿上同一色彩阶调的笔迹归纳到同一版内。原稿上有几种色调，就分几套色版，色调简单的一般也需几套至几十套版，复杂的原稿则需要几十套以上，有的甚至超过几百套。

分版后，用半透明的雁皮纸把每块版勾描下来。勾描者要以很高的绘画技艺临摹，以达到再现时逼真如实的境界。

2. 雕刻木版

将勾描好的底稿，分别粘在木底板上，版材一般选用梨木、黄杨或枣木等硬木，表面要刨得平整、光滑、待干固后进行雕刻。

刻版工人要用高超的雕刻技艺，细心领会原作的精神和笔法，从而把原作的技法和笔触在刀下生动地表现出来。

3. 印刷

各版刻完之后，依照原作一块版一块版地依次套印，在画面上一次一次地增添颜色和笔触，逐渐套印成一幅完整的印刷品。印刷时，使用和原作相同的宣纸和中国画颜料，充分利用水溶性颜料的浸润现象，来表达原稿的神采和特有风格。对绘画中一些微妙的浓淡变化，在木板水印分色分套时，不可能将一笔画成的线条分成几套，而是全靠印刷者用不同颜色或不同深浅的颜色，运用绘画技巧，加在一套木板上予以解决，这种工艺在木刻水印术语中叫“揸色”。一套木板最多印200～300张，最少印20～30张。印好后，还要根据原作特点再以渲染、润色、枯笔等艺术技巧，用画笔适当地加工。

4. 装裱

装裱是木刻水印的最后一道工序。装裱的方法是：把印好的画用宣纸或绫、绢、织锦等按一定的工艺要求裱糊起来，形成立轴、横披、册页等形式，再用精帛的外套或锦盒包装起来。

第七节 盲文印刷

盲文是盲人使用的文字，由凸起的点子组成拼音文字。盲文印刷的方法有模具压印法、油墨印刷法和发泡印刷法，盲人用手触摸点子的位置，以此识读文字。因此盲文是用特殊的方法印刷的。

盲文书籍印刷的印刷工艺如图5-16所示。

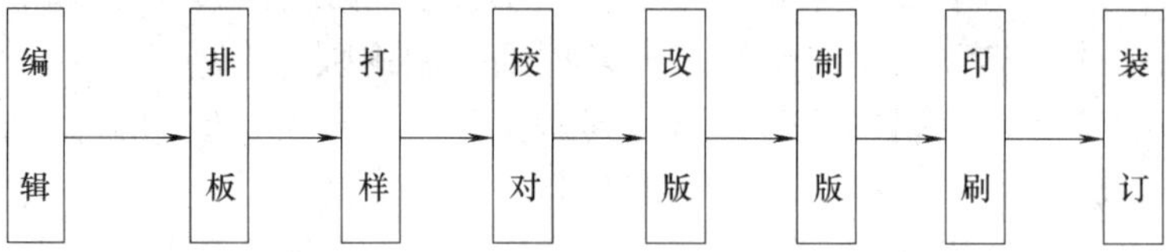

图5-16 盲文印刷工艺流程

(1) 编辑 按照盲文书籍的制版、印刷要求，编辑人员进行版面设计。

(2) 排版 用盲文计算机排版系统，进行盲文的录入、排版并存入磁盘。

(3) 打样 将磁盘中的文字信息输入特制的盲文打样机，打出样张校样。

(4) 校对 明眼人口读，盲人校对人员边听边用手触摸校样，并标注出错误的文字或部位。

(5) 改版 排版人员根据校样的标注，对存储在计算机中的文字版面进行修改。反复多次，直到校改无误为止。

(6) 制版 将磁盘中的排版信息，输入盲文打版机。打版机上安装有双层铁皮，机器启动后，按照盲文点子的位置，在铁皮上冲压出凹凸的点子，制成盲文印版。

(7) 印刷 将双层凹凸的铁皮印版，分别固定在圆压圆印刷机的两个滚筒上，对准规矩，安装好卷筒纸板，机器启动后，纸板从印版中穿过，经滚筒加压，纸板上便形成隆起的盲文圆点。

(8) 装订 印刷好的盲文书页，经手工配页、锁线订、粘糊书皮，便成为供盲人阅读的书籍了。

盲文书籍，也可以采用制版照相和丝网印刷相结合的方法，用微球发泡油墨印刷。

微球发泡油墨的主要成分是直径为5～80μm的球体，中间充有低沸点溶剂。球体受热后，低沸点溶剂汽化，微球体积将增大5～30倍。

用丝网印刷的盲文，经低温干燥后，再经 130℃烘道加热油墨中的微球膨胀，有墨迹的部位便形成凸起的盲文点子。

第八节　软管印刷

软管印刷是利用弹性橡胶层转印图像的原理，对软管进行印刷的方式。软管印刷一般是膏状物质的各种金属或塑料软管的外包装印刷。

软管按所用的材质和制造方法，可以分为金属挤压软管、塑料挤压软管、层压复合软管和吹塑软管。

本节只对金属挤压软管的印刷进行阐述。

一、冲制软管

金属软管常以锡、铅、铝等金属制造。把金属锡或铝板先冲成圆片，再把圆片放进冲压成型机，冲成圆管。因为金属管比较硬，需放在 500℃的烘箱中，烘烤 1min 使其软化。

为了提高铝材的耐内装物性，应对内表面进行涂装处理，防止因铝材接触内装物被腐蚀，同时也防止内装物与铝材直接接触而变质。所用的涂料主要有环氧、环氧酸、环氧氨基树脂等。

为了形成软管底色，如图 5-17 所示的辊式涂布设备。

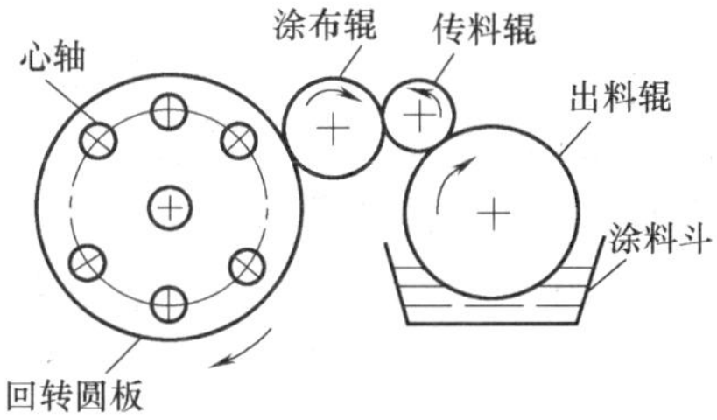

图 5-17　辊式涂布机

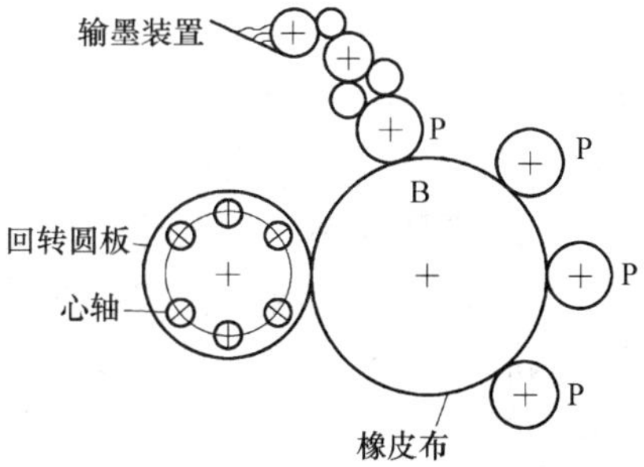

图 5-18　四色软管印刷机工作原理

涂布白色或彩色涂料。所用涂料主要有改性醇酸、改性环氧树脂等。

二、印刷

软管印刷，一般采用凸版印刷或丝网印刷的方式。丝网印刷的墨层遮盖力强，但细节表现力差印刷速度慢，不常用。凸版印刷是先把印版上的图文印在包有橡皮布的滚筒上，然后再转印到软管上。如果是多色套印的图文，各印版上的油墨，依次套印在橡皮滚筒上，随后多色油墨的印迹一次转印到软管上。

软管印刷机，大多采用流水线作业，为联动印刷机。主要由印版滚筒、橡皮滚筒、套软管的压印滚筒盘、墨斗、输送机构组成，参见图 5-18 所示。

金属软管套在压印滚筒的压印辊上，与橡皮滚筒相接触时，靠摩擦而旋转。软管旋转一周，离开橡皮滚筒，完成一次软管的印刷。印刷后的软管，用红外线照射，使油墨迅速干燥。

软管印刷油墨，应具有耐热、耐光、耐挤压、耐弯折、耐水等性能，还应具有抗软管内物质腐蚀的性能。

第九节　珂罗版印刷

珂罗版印刷属平版印刷范畴，是最早的照相平版印刷之一，1852 年英国科学家塔尔博特发现经过铬酸盐处理的明胶膜层曝光后表面会发生硬化的现象。1867—1871 年间德国慕尼黑摄影师阿尔贝特根据这一原理，以玻璃版基用于实际印刷，从而发明了珂罗版印刷。因多用厚玻璃作为版基，所以又叫“玻璃版印刷”。

珂罗版制作是采用约 1cm 厚的一面磨砂粗化的平整玻璃作为版基，制版时在粗面玻璃面均匀涂布一层由重铬酸盐与明胶配置的感光液。经过干燥成膜，再与连续调正像阴图底片密合并曝光（晒版），由于阴图底片上密度不同，对应感光胶膜产生不同程度的硬化反应，形成疏密不等的皱纹。把感光以后的版浸入到水中，除去没有经过光化反应的胶膜，制成印版。印刷时先上水，后滚墨，套准覆纸，施压，完成印刷。

一、珂罗版复制的特点

珂罗版印刷方法是最早应用照片制版的平印方法，珂罗版图像的深浅与现代的胶印复制技术不同，特点是不用网点，而是应用疏密不同的皱纹胶膜（吸墨量的大小与感光程度成正比），印刷时以着墨量不等来表现连续调原稿的浓淡层次。正是因为印品上没有网点，具有印刷精致、准确、逼真的特点，适用于笔触变化多，墨色层次丰富的书画作品，能极逼真地复制精致的绘画艺术品、古代书画等真迹手稿。而且效率比木版水印和人工临摹高得多。同时，在印刷材质上，不但可以在宣纸上印刷，也可以在绫绢、丝绸上印出满意的效果。满足了中国书画作品特有的要求。

随着科技日新月异的发展，珂罗版印刷也在不断地完善，将在继承与发扬中国书画文明中发挥更大的作用。

二、珂罗版印刷工艺

珂罗版印刷的工艺流程：

原稿→拍连续调阴片→修版→准备玻璃板→涂布感光液→干燥→晒版→印刷

（1）照相　照相的目的是获得复制对象的软片。首先是用原稿拍摄正像阴片，拍摄时在镜头前面要加放转向三棱镜，这样拍摄的底片是正像的。正像底片晒在印版上是反像，印刷品才能是正像。

底片经冲洗、干燥后，要人工修版，制成可供晒版用的原版。

对于原稿特别珍贵，不能离开收藏地点与条件的（如古代壁画），首先拍得反转片，利用电子分色机分色制成符合印刷要求的软片。

（2）制版　珂罗版制版首先要准备玻璃板。玻璃板因需直接印刷，厚度在 6～10mm 之间，并需用金刚砂研磨，使玻璃平面产生细小的砂目，经清水或碱溶液冲洗、去除杂质后，在玻璃板上涂布硅酸钠，以增加玻璃板面对感光胶层的黏附力，然后是在磨砂玻璃上浇涂一层明胶与重铬酸盐配制的感光胶膜，平放在 40～60℃的烘箱内烘干。感光膜一经干燥，其表面就产生细微的皱纹，此即成为可感光的基版。

在制版过程中，烘干感光膜时，温度控制对版面胶膜的微细皱纹的变化起决定作用。温度过高或过低形成的褶皱都较粗糙，无法印刷。经实验比较，温度控制在 65℃时，胶膜褶皱最为细腻。

晒版是将拍摄的正像阴片与感光版密合放入晒版机内抽真空曝光，使感光版上的感光胶膜因底片深浅密度不同而产生不同程度的硬化，因光照射而硬化的部分变得难于吸收水分而易吸附油墨如图 5-19 所示。图文曝光后，再从背面进行短暂曝光，使胶膜紧密附着在版基上。之后，将其放入显影槽内用水对曝光后的感光版显影，未受光部分的胶层吸水膨胀而后溶去，受光作用部分膨胀度较小，根据底片密度的大小来吸水，密度大的部分曝光量小，硬化程度低，吸水多；反之则吸水少，故见光部分硬化而构成图像，版面形成不规则的皱纹。然后使版面干燥。

（3）修版　由于温度难以控制准确，因此，制版后需要对版面胶膜的软硬度及时调整。主要用甘油、柠檬酸、福尔马林、氨水等。

（4）印刷　印刷前，用以甘油为主的湿润剂，对版面进行湿润处理，目的是使水分能充分保持并防止水分散失，待印。

印刷操作是在专用的珂罗版平台式印刷机上进行，结构为圆压平型，用手工揩水，其法与石版印刷相似，上墨时是用印刷辊着墨，即用胶辊在版面滚动上墨，覆纸印刷如图 5-20 所示。

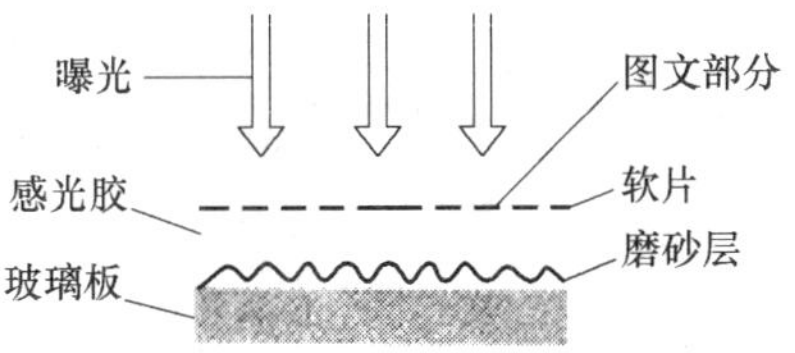

图 5-19　珂罗版制版过程示意图

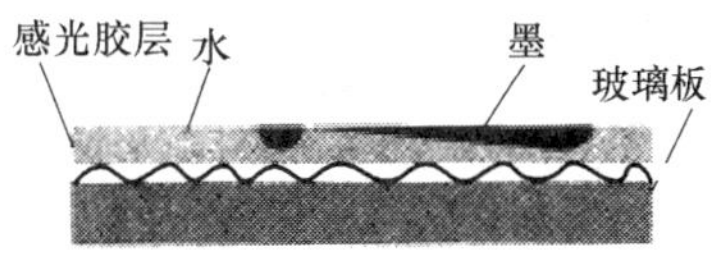

图 5-20　珂罗版曝光后着墨示意图

（5）多色接版套印：由原来规矩套印改为十字线套印。具体做法是：进行软片拍照时在软片四边固定好 4～5 个位置的十字线符号，用以印刷定位，在宣纸第一版印后将十字线挖开，并在印刷背面做上位置相同的十字线符号，印第二色时，将纸张上的十字线符号与版面上的十字线套准即可。以后每次都以十字线为基准，即能达到印刷图像的色彩一致。十字线套印还可以发现纸张的缩胀。

珂罗版由于版基是玻璃，印刷部分黏附油墨的是明胶材料，所以耐印力不高，一般一块印版仅能印 500～3000 份，而且是手工或是半机械半手工操作，速度慢，效率低。

思考与练习

1. 什么是特种印刷？

2. 不干胶标签印刷有何特点？
3. 无碳复写纸的种类与结构？
4. 什么是全息照相印刷？
5. 什么是立体印刷与工艺过程？
6. 什么是 PVC 磁卡？
7. 简述木刻水印的特点。
8. 盲文书籍印刷工艺流程。
9. 什么是软管印刷？
10. 简述珂罗版印刷的特点。

第六章　印后加工

【学习目标】

掌握： 1. 平装书籍的工艺流程

2. 上光、覆膜、电化铝烫印、模切的原理

了解： 1. 骑马钉和精装书籍的工艺流程

2. 上光、覆膜、电化铝烫印、模切的工艺

【知识要点】

第一节　印后加工、折页、配页、订书、包封、切书、精装书籍的工艺过程

第二节　上光、覆膜、电化铝烫印

第三节　模切压痕的概念与工艺

当产品完成印刷后，有很多产品要进行印后加工处理，所谓印后加工是指使印刷产品获得所要求的形状和使用性能的生产工序。印后加工主要包括装订、表面整饰和容器加工。装订常见的有书籍、书刊的制作；表面整饰是指印刷品表面的上光、覆膜、烫金等加工过程；容器加工是指包装盒、文件袋等制作过程中的模切与压痕。

第一节　书刊装订工艺

书刊是非常常见的印刷品，这一节里我们了解一下书刊的印刷工艺流程，在了解书刊的印刷工艺流程之前，我们先了解一下关于书籍的有关词语，如图 6-1 所示。

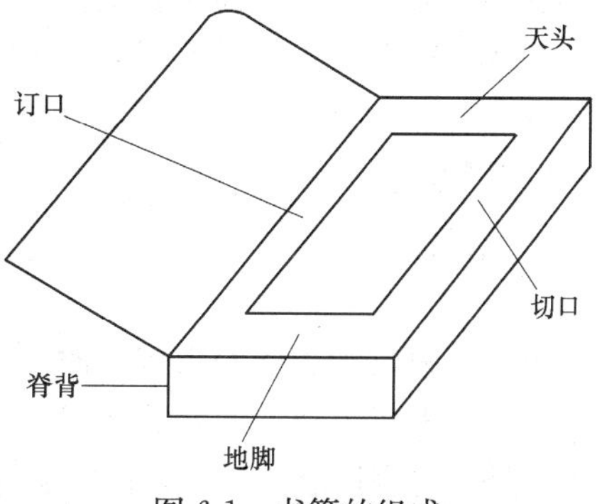

图 6-1　书籍的组成

① 版心。指每面书页上的文字部分，包括章、节标题、正文以及图、表、公式等部分。

② 天头。书刊正文最上面一行字到书页上边沿处的空白。

③ 地脚。书刊正文最下面一行字到书页下边沿处的空白。

④ 书背。指书帖配册后需粘接订联的平齐部位，是封面和封底连接处所形成的部分。

⑤ 书脊。指书芯表面与书背连接突出部位，是封面与封底与书背的连接部分。

⑥ 订口。版心内侧的白边。

⑦ 切口。指版心外侧的白边。

⑧ 书芯。将折好的书帖（或单页）、按其顺序配成册、并订联起来的称呼，也称毛书，即不包封面的光本书。

一、书刊装订的方法及主要工艺流程

书刊的装订工序很多，书刊装订方法分为骑马订装、平装、精装等印后加工形式。各种装订方式的使用范围也不相同，骑马订主要是一些小册子，比较薄的一些儿童读物等，平装的应该比较广泛，一般书籍都是采用平装工艺，一些字典，高档书籍等采用精装的装订方式。这三种装订形式的工艺流程如下：

1. 骑马订工艺流程

制书贴→制封面→三面裁切

2. 平装的工艺流程

裁切→折页→配贴→订书→包封→切书

3. 精装书制作的主要工艺流程

制书帖→粘贴插页→制书芯→书芯加工→制书壳→上书壳→检查包装

二、骑马订工艺

骑马订（图 6-2）用金属丝从书帖折缝中穿过的装订方式，因订书时要跨骑在订书架上而得名。套帖是指将一个书帖按页码的顺序依次套在另一个书帖的外面（或里面），成为一本书刊的书芯，再将封面套在书芯最外面的一种配页方法。骑马订的书帖采用套帖配页，配帖时，将折好的书帖从中间一帖开始，依次搭在订书机工作台的三角形支架上，最后将封面套在最上面。订书时，用铁丝从书刊的书脊折缝外面穿进里面，进行订本，通过三面裁切即成为可供阅读的书刊。

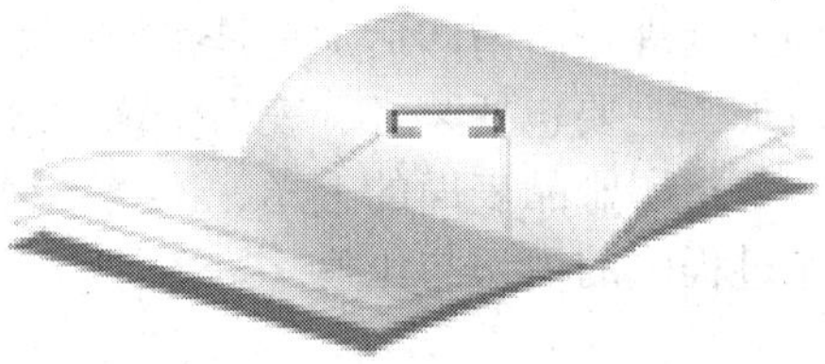

图 6-2　骑马订

骑马订是一种较简单的订书方法，工艺流程短，出书速度快；用铁丝穿订，用料少，成本低；书本容易开合，翻阅方便，但在使用过程中封面易从铁丝订连处脱落，不易保存。所以，骑马订装订方法常用于装订保存时间比较短的杂志、期刊和小册子之类的书籍。又因骑马订采用套帖法，产品的厚度受到一定限制，一般最多只能装订 100 页左右的书刊。

三、平装工艺

平装书籍的加工主要指包封面工序的加工。包封面是在订好的书芯上包上纸质封面。包封面后的书册经烫背、三面裁切后，成为一本可供阅读的平装书籍。平装书籍除用单机加工之外，在我国还普遍使用骑马订生产线、平装无线胶订生产线和订、包、烫生产线。

平装工艺流程为：

裁切→折页→配贴→订书→包封→切书

（一）裁切

印刷书刊时，一般采用大幅面印刷机印刷多个内容相同的折叠页面（书帖）时，必须先裁切分离，或者封面以及采用多联印刷的书帖，如在一个印刷页面里印刷了多个相同内容的内插页，则也需要裁切。

（二）折页

折页也就是将印张按照页码顺序折叠成书刊开本大小的书帖，或将大幅面印张按照要求折成一定规格的幅面。书刊印刷幅面的纸张中，将几个页面按照折页与配页的要求组合，并使页码按规定的顺序排列，也就是所说的拼版，通常都包括有几个印刷开本的页面，必须根据开本尺寸，由折页机进行折叠。折页的方式大致可以分为三种：平行折页、垂直交叉折页和混合折页法。

1. 平行折页法

相邻两折的折缝呈平行状态的折叠方式称为平行折页法（图 6-3），一般适用于纸张比较厚实的印刷品，像一些画册，儿童读物等。

2. 垂直交叉折页法

一折与另一折的折缝呈相互垂直状态的折页方法称为垂直折页法（图 6-4），现在大部分书籍采用这种折页方式。

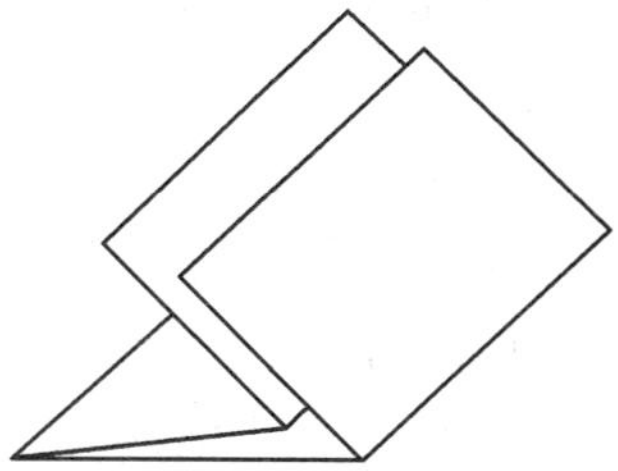

图 6-3　平行折页法

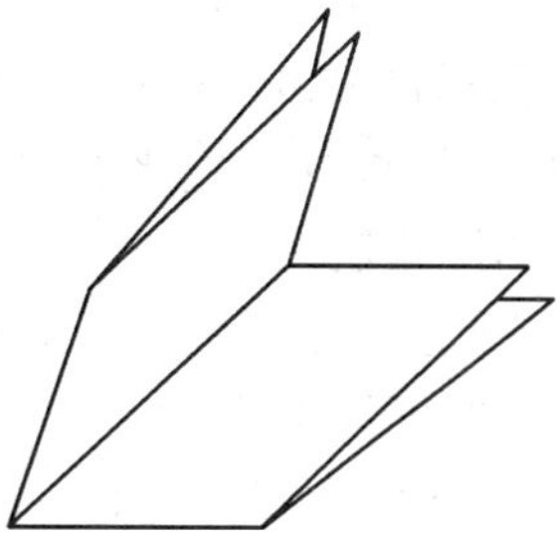

图 6-4　垂直交叉折页法

3. 混合折页法

混合折页法又称综合折页法。即在同一书帖中，既有平行折页，又有垂直折页（图 6-5）。机器折页大部分采用这种折页方式。

（三）配页/配帖

将书帖相互插叠的过程称为配页。把附加页按页码的顺序粘贴或套入某书帖称为配书帖。如果一个 32 页的小册子，按照每个版面 8 页印刷，则正好是 4 帖（也称为折手）。如果印数是 100，折页后就有各为 100 的 4 个书帖。这些书帖必须根据小册子生产的专门要求进行分拣与排序，这个过程就是配帖。配帖由专门的配帖机来完成。

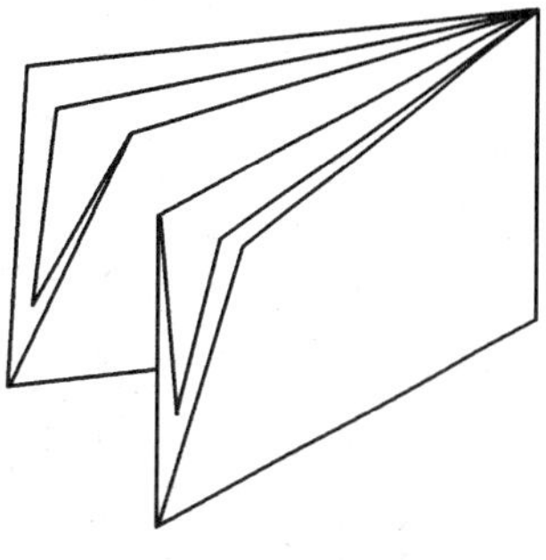

图 6-5　混合折页法

（四）订书

把配好的散帖书册或散页，应用各种方法订连，使之成为一本完整书芯的加工过程称为订书。在现代的印刷生产中，书帖连接的方法可分为两种：订缝连接法和非订缝连接法。

1. 订缝连接

订缝连接是用纤维丝和金属丝将书帖连接起来，这种方法可以用于书帖的整体订缝和一帖一帖的订缝。主要有铁丝订、锁线订等。

铁丝平订又称铁丝订和平订（图 6-6），是将用配帖法配好的书帖，在订口处（一般离书脊 5mm 处），用订书机将铁丝穿过书芯在背面弯折，把书芯订牢的订书方法。铁丝平订一般用于装订较厚的书刊、杂志，它对装订的书帖有较宽的选择性。如果装订的书芯太厚，现在使用的不多了，趋向于被淘汰。

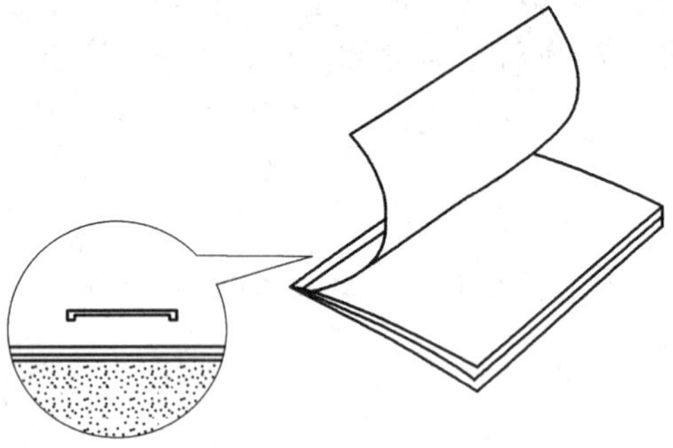

图 6-6　铁丝订

将已经配好的书芯，按顺序用线一帖一帖沿折缝串联起来，并互相锁紧，这种装订方法称为锁线订（图 6-7）。锁线订是一种历史悠久，质量较高的传统订书方法，是用线沿各书帖折缝处订缝，不占订口，装订成册的书籍容易摊平，阅读时翻阅方便，可以装订各种厚度的书籍，并且对于胶质和各种外来条件的作用比较稳定，因此，锁线订书芯的牢固度高，使用寿命长。

2. 非订缝连接

非订缝连接是用胶质把书帖连在一起，称为无线胶订，无线胶粘装订是指用胶质物质将每一帖书页沿订口相互粘接为一体的固背装订方法，现在的订书方式主要采用无线胶订（图 6-8）。配齐的无线胶订书帖必须先对书背铣背，以确保胶水的渗入。然后在脊背上整体涂布一层胶水（一般为热熔胶），再包上封面，并使之紧密贴附。完成这个作业过程的设备称为无线胶订机，它还能够与流水式配页机和三面刀一起组成流水生

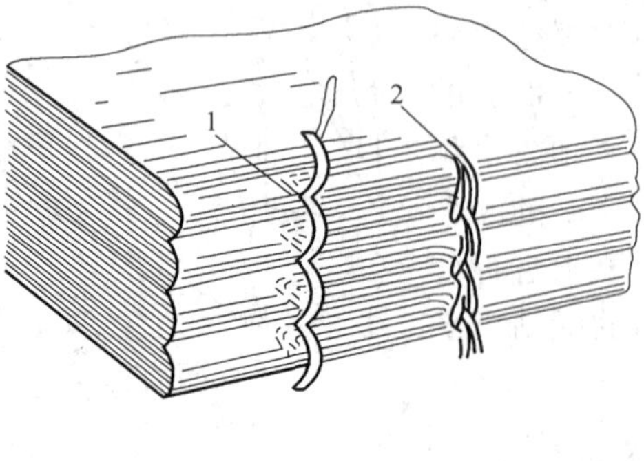

图 6-7　锁线订

图 6-8　无线胶订

产线。

（五）包封

经过折页配帖订合等工序加工成的书芯，除了骑马订以外的平装书册，订成的书芯还得包上封面，成为平装书册的毛本。包封有手工包封和机械包封两种。手工包封面是通过人工的方式经过折封面，刷胶粘贴，包封面，括平等工序进行包护封。机械包封的作业过程是将书芯放入机器中，随着机器的转动，书芯经过胶水槽的上方，槽内粘附着胶水的圆轮把胶水涂布在书脊和书芯的第一页和最后一页靠书脊的边缘上。涂上胶水的书芯继续随着机器转动，来到包封面的部位，封面最上面的一张便被粘在书脊上，然后再转到加压部位，加压后，书籍自行落下，由工人收集成叠，放到烘背机里加压，烘干，以保证书籍的平整。

（六）切书

包了封面的书待干燥后，用切书机按开本规格裁切整齐，使毛本变为光本的过程叫做切书。切书一般由切书机械进行，切书机可分为三面切书机和单面切书机。三面切书机用以裁切各种书籍、杂志、成品的机械。三面切书机上有三把刚刀。它们之间的位置可按书刊开本的大小加以调整。操作时只要一按联动器，书刊的切口、天头和地脚的三面毛边就一齐被切成光边，裁切后的开本就是最终的成品尺寸。现代的配页-装订机和无线胶订机常常配备有在线使用的三面裁切机。

四、精装工艺

精装工艺是一种精致的书籍装订方式，以装潢讲究和耐折、耐保存的装饰材料作封面为特征。主要有书芯加工、书壳制作及书壳套合三大工艺过程。精装书籍主要在书的封面和书芯的脊背、书角上进行了各种造型加工。加工的方法和形式多种多样，书芯加工有圆背、方背、方角和圆角等之分。封面加工有全面、半面（布腰纸面或皮腰布面），在封壳面上再给以烫印字迹花纹图案的装饰，使书籍显得格外大方，富有艺术感（图 6-9）。

图 6-9　精装书籍

精装书书芯的加工工艺过程与平装书相比，在切书之后还要增加压平、刷胶烘干、扒圆、起脊，贴纱布、贴堵头布、贴背脊纸、上书壳、压槽成型等工序。此外，还有加工书壳、烫金等一系列辅助工序。精装书的工艺流程比平装书的工艺流程要长得多，精装书的订书主要使用锁线订，有些精装书也改用无线胶订。

（一）书芯加工

精装书籍的加工有一部分是跟平装书籍加工相同的，包括裁切、折页、配贴、订书、切书。完成这些工序后，再进行精装书籍特有的加工过程。

书芯书背的形状分为圆背有脊、圆背无脊和方背（或称平背）三种。书籍的前封和后封与书背的连接处称为书脊。平装书刊的书脊不高出书芯平面，而精装书刊的书脊一般要高出书芯的平面。书脊分为真脊和假脊。真脊是利用书背上下两边变形的弧度高出书芯平面；假脊则是利用纸板镶在书背后形成的书脊，书脊的脊高等于封面纸板的厚度。

书芯加工的工序包括压平→刷胶→裁切→扒圆→起脊→贴背。圆背无脊和圆背有脊相比去掉了起脊工艺，方脊则去掉了起脊和扒圆两道工艺。

（1）压平　压平的作用是排除页与页之间的空气，使书芯与书背的厚度一致，整书厚度比原来变薄，并且平整、结实，为书背的刷胶、烘干工序打下定型基础，压平是在专用的压平机上进行的。

（2）刷胶　压平后的书芯进行第一次刷胶，主要作用是使书芯初步定型，不至于使书帖发生相对移动，保持书背的形状，为下一道工序做准备，并提高成书的牢度和耐用性。

（3）裁切　经刷完胶，待基本干燥后即可用单面切书刀或三面切书刀，按书刊的开本尺寸进行裁切，成为光本书芯。

（4）扒圆　经三面裁切后，将书芯的背部做成圆弧形，成为圆背精装书芯的加工，称为扒圆。扒圆后书芯的各个书帖以至书页都均匀地相互错开微小距离，使书芯的前口和切口的折缝处成为均匀的半圆形，这样因锁线订使书背变厚的问题，在圆背凸出处得以解决，平衡了锁线书芯的书背和切口处的厚度，改变了书芯的外形。圆背书芯易于翻阅摊开，同时也给书壳与书芯的连接提供了方便，增强了连接牢度。

（5）起脊　书籍的前后封面与书背的连接处称为书脊。由人工或者机器把书芯用夹板夹紧压实，在书芯正反面接近书脊与环衬连线的边缘处，压出一条凸痕，使书脊略向外鼓起的工艺叫起脊。起脊的高度与书壳硬纸板厚度相同。起脊的作用是为了防止扒圆后的书芯回圆变形。

（6）贴背　在经过扒圆、起脊后的书芯的脊背上粘贴书签带、纱布、堵头布、书脊纸的工艺叫贴背。

贴背对书背的最后加固起着非常重要的作用。书芯经扒圆起脊后，书背产生了较大的变形，不采取有效措施，扒圆、起脊后的书芯很快就会恢复原形。因此，在书背上涂以胶液，粘上纱布、堵头布、书背纸、以使书芯的外形固定，并使帖与帖之间、书壳与书帖之间的连接牢度提高，使上书壳后的书籍美观耐用。

（二）书壳制作

精装书的封面称书壳。精装书壳分为整面书壳和接面书壳两种。整面书壳是由一张完整的封面材料制成（如全布面、全纸面）。接面书壳的封面材料不是一整块，通常是封面和封底用一种材料，书腰用一种材料并接而成（如布腰纸面、皮腰布面和包四角的封面）。

根据不同的开本及书芯厚度，将裁好的纸板、封面裱装材料及中径按一定的规格黏合在一起的工艺过程称为制书壳。所使用的设备称为糊封机。使用糊封机可以制作整面书壳，也可以制作接面书壳。书壳制作完成以后，还必须经过干燥，以排除糊封时粘接剂中的水分，保证下工序的正常进行。干燥的方法有自然干燥和人工干燥两种。自然干燥时间较长，一般要一天多的时间。人工干燥时间短，可以采用流通的空气吹干，或者采用红外干燥、高频干燥等。我国的印刷厂大多使用自然干燥法。

制作好的书壳还需要进行装饰加工，使其更加美观。精装书壳的装饰加工，是根据原设计的要求在书壳上加印文字和图案，根据制作书壳时所采用的表层材料，可以采用烫印、压凹凸或印刷的方法来完成。

（三）书壳套合

把书芯和书壳连结在一起的工作叫套壳，有手工套壳和机械套壳两种形式。大致过程是：在书槽部分刷胶，然后套在书芯上，使书槽与书芯的脊粘接牢固，再在书芯的衬页上刷胶使书壳与书芯牢固、平服。无论手工套壳还是机械套壳，都要在前封和后封靠脊背的边缘压一条书槽，可以保护书芯不变形，造型美观，翻阅方便，手工压槽用铜线压在上下书槽中，用加压成型法。

第二节　表面整饰

一、上光

（一）上光概述

上光是在印刷品表面涂上（或喷、印）一层无色透明涂料，干后起保护及增加印刷品光泽的作用。印刷品上光的实质是通过上光涂料在印刷品表面的流平、压光，借以改变纸张表面呈现光泽的物理性质。

上光加工通过涂料在印刷品表面的流平成为光滑的表面，不仅可以增加其表面平滑度，使之呈现出更强的光泽，而且能够对印刷图文起到保护作用，因而被广泛地应用于包装装潢、书刊封面、画册、商标、广告、挂历、大幅装饰、招贴画等印刷品的表面加工中。

各类上光涂料的基本组成大体相同，即都由主剂（成膜树脂）、助剂和溶剂三部分组成。

主剂是上光涂料的成膜物质。印刷品上光后，膜层的品质及理化性能，如光泽度、耐折性、后加工适性等均与选择的主剂有关。主剂为天然树脂的上光涂料，成膜的透明度差，易泛黄，还易发生回粘现象；以合成树脂作主剂的上光涂料，成膜性好，光泽度和透明度高、耐磨、耐水、耐老化，而且适用性强，所以现在普遍采用合成树脂配制的丙烯酸树脂。

助剂是为改善上光涂料的理化性能和工艺特性而需加入的一些辅助物质。如为改善主剂树脂的成膜性、增加膜层内聚强度而加入的固化剂；为提高上光涂料的流平性、降低其表面张力而加入的表面活化剂；为便于上光涂料的合成和涂布操作而加入的消泡剂；为提高膜层弹性，增强耐水、耐折性能而加入的增塑剂等。

溶剂的作用是分散、溶解、稀释主剂和助剂。常用的溶剂有甲苯、乙醇、丁醇、乙酸乙酯、异丙醇等。

（二）**上光工艺过程**

上光工艺就是在印刷品表面涂布上一层无泡透明的涂料、经流平、干燥、压光后、在印刷品的表面形成薄而均匀的透明光亮层的技术和方法。印刷品的上光工艺过程一般包括上光涂料的涂布和压光两项操作。

上光涂料的涂布，即采用一定的方式，在印刷品的表面均匀地涂布上一层上光涂料的过程。常用涂布方式有喷刷涂布、印刷涂布和上光涂布机涂布三种。

1. 喷刷涂布

喷刷涂布可以采用专用刷帚在印刷物表面均匀地涂刷一层上光涂料，干燥后，就成为一层光亮的薄膜层。或者采用机械喷雾的原理，将上光涂料在印刷品表面喷成雾状，使上光涂料均匀地散落在印刷品的表面，干燥后就形成光滑的膜面。

2. 印刷涂布

印刷涂布通常是利用印刷设备经改造后用作上光涂料的涂布。这种方式比用喷刷涂布的质量好、生产效率也高，能利用已有印刷设备，一机两用，简便易行，适合一般中、小型印刷厂上光涂布加工，例如有些印刷厂就把 J2108 胶印机改造成为了上光机，改造后是用上光油替代成了油墨，而印版采用实地版。

3. 上光涂布机涂布

专用上光涂布机涂布，可实现涂布量的准确控制。涂布质量稳定可靠，适合于各种档次印刷品的上光涂布加工，是目前应用最普遍的涂布方法。

压光也就是利用压光机使其提高上光涂层的平滑度和光泽度的过程。当印刷品表面的上光涂料干燥后，通常需要经过压光机压光处理。

（三）**上光设备**

目前使用的上光机有两种类型：普通上光机和 UV 上光机（图 6-10）。

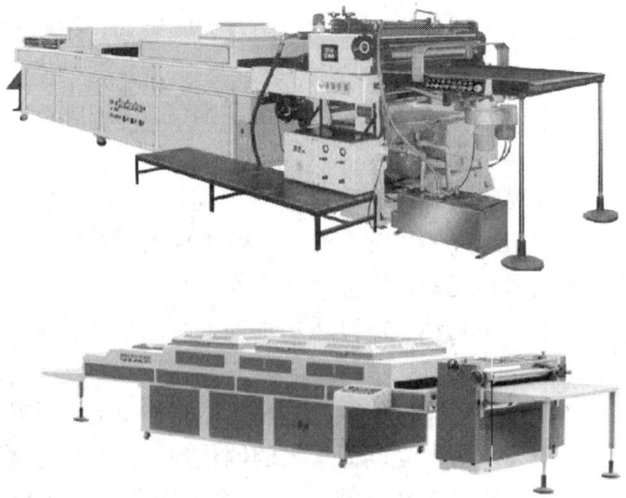

图 6-10　上光机

普通上光机由印刷品输入装置、涂布装置、烘干装置、收纸装置组成。适用于各种类型上光涂料的涂布加工和适合各种档次印刷品的上光涂布加工。

UV（UV 为 ultraviolet 的缩写，即紫外线）上光油是利用紫外线照射来固化上光涂料的方法。具有涂料快速固化和低温固化的特点，提高了印刷品的光泽，得到了广泛的应用。在国外，书刊杂志封面的光泽加工普遍采用 UV 上光，书刊，杂志，封面，磁带封套等印刷品的光泽加工方面得到了广泛的应用。UV 上光机由自动输纸机构、纸张清擦处理装置、涂布装置、烘干装置、收纸装置组成。

二、覆膜

（一）覆膜概述

覆膜分为干式覆膜、湿式覆膜和预涂膜覆膜。覆膜有三种方法，一种是把黏合剂涂布在塑料薄膜表面上通过压辊与基材（印刷品）黏合在一起，然后烘干或不烘干直接卷取，称为湿式覆膜；另一种是把黏合剂涂布在塑料薄膜上，经烘干除去黏合剂溶剂，然与基材黏合在一起，称为干式覆膜；第三种是预涂覆膜，把黏合剂涂布在塑料薄膜表面，烘干后备用，需要时将预涂膜与基材黏合在一起。印刷品覆膜是印刷品表面装饰加工技术之一，是印刷的辅助工艺。覆膜工艺广泛应用于书刊、画册、封面、各种证件、广告说明书的表面装饰以及各种纸制包装制品的表面。

（二）覆膜工艺过程

覆膜是一项综合性的技术，它涉及许多因素，如塑料薄膜、黏合剂、溶剂、印刷品表面墨层状况、机械控制以及环境条件等。要获得高质量的覆膜产品，就必须在工艺过程中控制上述诸因素的变化，并协调好它们之间的关系。

覆膜有两种类型：预涂型覆膜和即涂型覆膜。

预涂型覆膜工艺是将黏合剂预先涂布在塑料薄膜上，然后收卷待用。复合时，将印刷品同预涂塑料薄膜经加热加压，完成复合。

即涂型覆膜工艺主要包括：①工艺准备；②安装塑料薄膜滚筒；③涂黏合剂；④烘干或不烘干；⑤覆膜；⑥定型分割。

1. 工艺准备工作

工艺准备的好坏直接影响到覆膜的质量。覆膜生产的准备工作一般应包括待覆膜印刷品的检查、塑料薄膜的选用以及黏合剂的配制等。

（1）待覆膜印刷品的检查　对待覆膜印刷品的检查，有别于对普通印刷品的质量检查。主要应针对覆膜影响较大的项目，如表面是否有喷粉、墨迹是否充分干燥、印刷品是否平整等，一旦发现问题，应及时采取处理措施。

（2）塑料薄膜的选用　覆膜材料是否恰当是关系产品质量的一个重要因素，在选用塑料薄膜的时候要注意塑料薄膜的厚度，表面张力，透明度和色泽，耐光性，机械性能，几何尺寸稳定性，化学稳定性，外观等方面，根据薄膜本身的性能和使用目的，覆膜薄膜的厚度在 0.01～0.02mm 较合适。国内这类用途的塑料薄膜均为 0.02mm 厚，国外 0.01mm 厚的较普遍，覆膜效果要好一些，所用塑料薄膜应具有良好的透明度和耐光性，具有一定的机械强度和柔韧特性，在覆膜的时候，薄膜具有一定的尺寸稳定性，具有一定的化学稳定性，在覆膜过程中与溶剂、黏合剂、油墨不至于发生化学反应，另外还要求塑料薄膜外观平整，表面清洁，没有气泡、杂质等。

(3) 黏合剂的配制：覆膜常用的黏合剂有溶剂型、醇溶型、水溶型和无溶剂型等。国内使用的黏合剂的品种较多，主要有聚氨酯类、橡胶类以及热塑高分子树脂等。其中以热塑性高分子类黏合剂使用效果最好。

各种黏合剂应符合以下要求：色泽浅、透明度高；无沉淀杂质；使用时分散性能好，易流动，干燥性好；溶剂无毒性或毒性小；黏附性能持久良好，对油墨、纸张、塑料薄膜均有良好的亲附性；覆膜产品长期放置不泛黄、不起皱、不起泡和不脱层；并要求黏合剂具有耐高温，抗低温、耐酸碱以及操作简便，价格便宜等特点。

2. 安装塑料薄膜卷筒

将选定的薄膜按印刷品的幅面切割成适当宽度后，安装在覆膜机的出卷装置上，并将塑料薄膜穿至涂布机构上。要求薄膜平整无皱，张力均匀适中。

3. 涂布黏合剂

使用黏合剂前，对于选用的黏合剂，要认真了解黏合剂的性能，要求选用的黏合剂符合使用的条件。涂布的时候要注意的问题，首先黏合剂的黏稠度应视纸质好坏、墨层厚薄、烘道温度及烘道长短、机器转动速度等因素而定。当墨层厚、烘道温度低、烘道短、机速快时，黏合剂的黏度应适当增大，反之则相反。其次应掌握涂布胶层的厚度，使之达到均匀一致。

4. 烘干

其目的是去除黏合剂中的溶剂，保留黏合剂的固体含量。烘道温度应掌握在40～60℃，烘干的温度的控制是非常关键的，它的目的是除去黏合剂中的稀释剂。烘干与机速、黏合剂涂布量、溶剂的性能及风速有密切的关系。

5. 覆膜

覆膜的时候，机速，复合温度，压力三者之间互相影响。

(1) 热压温度　一般应控制在60～80℃。温度过高会超过薄膜承受范围，薄膜等受高热而变形，极易使产品曲卷、起泡、皱格等；温度过低，覆膜不牢，易脱层。一般铜版纸的热压温度较低，胶版纸、白板纸及墨层厚的印刷品的热压温度偏高。

(2) 压力　一般覆膜表面光滑、平整、结实的印刷品，压力为19～20MPa；覆膜粗糙松软的印刷品，压力为22～23MPa。应视不同纸质及纸张厚度正确调整。压力过大，纸面稍有不平整或薄膜张力不完全一致时，会产生压皱或条纹的现象；压力长期过大，会导致橡胶辊变形，辊的轴承也会因受力过大而磨损。压力过低或不均匀，则会造成覆膜不牢、脱层现象。

机速一般控制在6～10m/min为宜，机速过快或过慢都会影响覆膜质量。机速越快，热压时间也就越短，因此温度可调高些，压力可加大些，黏合剂的黏度应大些；反之亦然。

在机速，复合温度，压力三者调节好以后，进行试覆膜，如果不符合要求还要进行调节，待完全符合要求以后就可以进行正式覆膜了。

6. 定型分割

覆膜后的产品如果是白板纸印刷品，应立即分割，膜面朝上放置。铜版纸、胶版纸印刷品，应先复卷并放置24h后，才能分割，这样既可提高黏结度，又能防止单张纸卷曲。

（三）覆膜设备

覆膜的设备（图 6-11）根据覆膜工艺的分类可以分为两种类型：

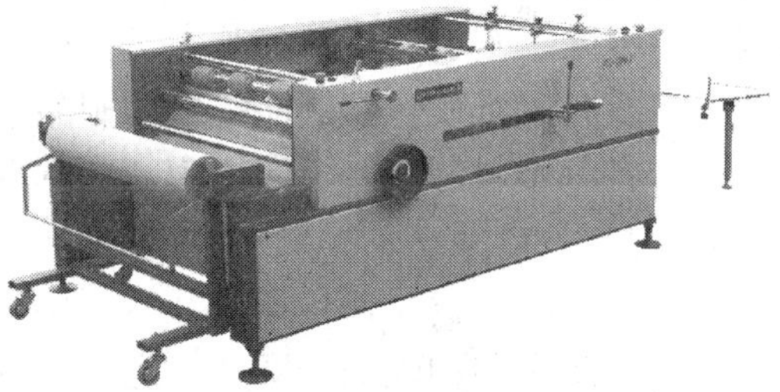

(a)

(b)

图 6-11　覆膜机

（a）即涂型覆膜机　（b）预涂型覆膜机

1. 即涂型覆膜设备

即涂型覆膜设备主要由放卷、上胶涂布、干燥、复合、收卷五个部分以及机械传动、张力自动控制、放卷自动调偏等附属装置组成。

2. 预涂型覆膜设备

预涂型覆膜设备由预涂塑料薄膜放卷、印刷品自动输入、热压区复合、自动收卷四个主要部分，以及机械传动、预涂塑料薄膜展平、纵横向分切、计算机控制系统等辅助装置组成。

三、电化铝烫印

（一）电化铝烫印概述

以金属箔或颜料箔，通过热压，转印到印刷品或其他物品表面上，增进装饰效果，俗称烫金，也叫电化铝烫印。随着生活水平的提高，人们对印刷品的要求不仅仅是色彩鲜艳，图案精美，有很多场合还要求有金属光泽，特别是在一些高档的书籍，包装装潢，商标等。

1. 电化铝箔材的结构

电化铝烫印箔，一般由五层不同材料组成，从反面到正面依次为基膜层（也称片基）、隔离层（也称脱离层）、保护层（又称颜色层）、铝层和粘胶层。

（1）基膜层一般为双向拉伸的聚酯薄膜，主要起支承作用，其他各层均依附其上。

（2）隔离层使电化铝箔与基膜互相隔离，烫印时便于脱箔。

（3）保护层主要是显示电化铝的色彩，烫印后罩印在图案的表面起保护作用。

（4）铝层是利用金属铝能较好地反射光线的特点，使电化铝呈现金属光泽，一般由真空喷铝的方法完成，“电化铝”的名称由此而来。

（5）胶粘层是在烫印时，电化铝箔与被烫印材料接触，遇热后起良好的粘结作用。

2. 电化铝箔材的分类及特点

就其颜色品种而言，以金色最为普通，另有银色、大红色、橘红色、蓝色、绿色、棕红色、淡金黑色、黑色等。近年又研制出了蛇皮、皮革、木纹等皮革织物及木质的电化铝新品种，它们与真实的皮革、木材具有同样的质感。

就其用途而言，有许多种类，主要可分为烫印纸张、塑料、皮革等几大类。烫印纸张主要用于请柬、证书、贺卡、书籍封面、商标以及各种纸质包装制品等纸印刷品。烫印塑料主要用于塑料零件、标牌、玩具、化妆盒等各种塑料制品。烫印漆膜、皮革主要用于铅笔杆、木盒、皮包、皮鞋及其他皮革制品。

（二）电化铝烫印工艺过程

电化铝烫印是利用热压转移的原理，将铝层转印到承印物表面，即在一定温度和压力作用下，热熔性的有机硅树脂脱落层和黏合剂受热熔化，有机硅树脂熔化后，其黏结力减小，铝层便与基膜剥离，热敏黏合剂将铝层粘接在烫印材料上，带有色料的铝层就呈现在烫印材料的表面。

由此可知，电化铝烫印的要素主要是被烫物的烫印适性、电化铝材料性能以及烫印温度、烫印压力、烫印速度，操作过程中要重点对上述要素进行控制。

电化铝烫印的方法有压烫法和滚烫法两种。无论采用哪种方法，其操作工艺流程一般都包括以下几项内容：①烫印前的准备工作；②装版；③垫版；④烫印工艺参数的确定；⑤试烫；⑥签样；⑦正式烫印。

1. 烫印前的准备工作

选择合适的电化铝，计算电化铝的用料规格，避免造成浪费，选择合适的印版，电化铝的印版一般有铜版、锌版和镀铜锌版三种。这三种印版铜版最好，因为铜版耐热性强，有一定弹性，比其他版材耐久，烫印效果好。如果烫印单张纸类或小批量工作物，可用锌版（价格比铜版便宜），烫印大批量工作物，就应用铜版。

2. 装版

即将制好的铜或锌版牢固地粘在机器上，并将规矩、压力调整合适的过程。印版应粘贴、固定于机器底板上，底板通过电热板受热，并将热量传给印版进行烫印。印版的合理位置应该是电热板的中心位置，因中心位置受热均匀；印版的安装还应根据电化铝的合理使用和烫印操作的方便而定。

3. 垫版

印版固定后，即可校正印版压力，对局部不平处进行垫版调控，以使各处压力均匀。方法是在平板上用粘胶带粘贴一张 $100g/m^2$ 以上的铜版纸，并用复写纸碰压得出印样，操作者根据印样轻重调整平板压力，直至印样清晰、压力均匀。可根据烫印情况在平板上粘贴一些软硬适中的衬垫。

4. 烫印工艺参数的确定

烫印的工艺参数主要包括烫印温度、烫印压力及烫印速度，理想的烫印效果是这三者的综合效果。

（1）温度的确定　烫印温度的一般范围为 70～180℃。烫印温度对烫印质量的影响十分明显。温度过低，电化铝的隔离层和胶粘层熔化不充分，会造成烫印不上或烫印不牢，使印迹不完整、发花。温度过高，则使热熔性膜层超范围熔化，致使印迹周围也附着电化铝而产生糊版；还会使电化铝染色层中的合成树脂和染料氧化聚合，致使电化铝印迹起泡或出现云雾状；高温还会导致电化铝镀铝层和染色层表面氧化，使烫印产品失去金属光泽，降低亮度。

(2) 压力的确定　烫印工艺的本身就是利用温度和压力，将电化铝从基膜上迅速剥离下来而转粘到承印物上的过程。设定烫印压力时，应综合考虑烫印温度、机速、电化铝本身的性质、被烫物的表面状况（如印刷品墨层厚薄、印刷时白墨的加放量、纸张的平滑度等）等影响因素。一般在烫印温度低、烫印速度快、被烫物的印刷品表面墨层厚以及纸张平滑度低的情况下，要增加烫印压力，反之则相反。

(3) 烫印速度的确定　烫印速度决定了电化铝与承印物的接触时间，接触时间与烫印牢度在一定条件下是成正比的。烫印速度稍慢，可使电化铝与被承印物粘接牢固，有利于烫印。当机速增大，烫印速度太快，电化铝的热熔性膜和脱落层在瞬间尚未熔化或熔化不充分，就导致烫印不上或印迹发花。烫印速度必须与压力、温度相适应，过快或过慢都有弊病。

上述三个工艺参数确定的一般顺序是以被烫物的特性和电化铝的适性为基础，以印版面积和烫印速度来确定温度和压力；温度和压力两者首先要确定最佳压力，使版面压力适中、分布均匀；在此基础上，最后确定最佳温度。从烫印效果来看，以较平的压力、较低的温度和稍慢的车速烫印是理想的。

5. 试烫、签样、正式烫印

烫印工艺参数确定之后，可进行印刷规矩的定位。烫印规矩也是依据印样来确定的。平压平烫印机是在压印平板上粘贴定位块，定位块必须采用较耐磨的金属材料，如铜块、铁块等，然后试烫数张，烫印质量达到规定要求，并经签样后，即可进行正式烫印。

（三）电化铝烫印设备

图 6-12　烫印机

烫印机就是将烫印材料经过热压转印到印刷品上的机械设备（图 6-12）。烫印设备按烫印方式分，有平压平、圆压平、圆压圆三种烫印机，平压平式较为常用；按自动化程度分，有手动、半自动、全自动三种；根据整机型式的不同，烫印机又有立式和卧式之分。

第三节　模切与压痕

像纸板一类的印刷品，很多要制成纸容器，在印刷完成后，除了采用第二节的一些方法进行表面装饰外，还要进行模切与压痕。纸容器主要是指纸盒和纸箱（均由纸板经折叠、接合而成），纸盒按其加工成型的特点，可分为折叠纸盒和粘贴纸盒两大类。

折叠纸盒是用各类纸板或彩色小瓦楞纸板作成。制作时，主要经过印刷、表面加工、模切压痕、制盒等工作过程，其平面展开结构是由轮廓裁切线和压痕线组成，并经模切压痕技术成型，模压是其主要的工艺特点。这种纸盒对模切压痕质量要求较高，故规格尺寸要求严格，因而模切压痕是纸盒制作工艺的关键工序之一，是保证纸盒质量的基础。

粘贴纸盒是用贴面材料将基材纸板粘贴裱合而成。在基材纸板成型中，有时也需要用模压加工的方法。

所谓的模切是以钢刀片排成模（或用钢板雕刻成模）、框，在模切机上把纸片轧切成一定形状的工序。压痕是利用钢线，通过压印，在纸片上压出痕迹，或留下供弯折的槽痕。模切压痕技术主要用于各类纸容器的加工，各类纸板支撑的纸箱子等，现在应用非常普遍。模切版的制作，现在有专门的制版公司，很多印刷厂都不自己制作。主要采用激光制版系统，激光制版系统就是应用激光和计算机等技术来加工模切压痕版。这种模版制造方法能使底版制作实现自动化。操作中，只要把待模切产品的图样、纸板厚度等参数输入电子计算机，便可控制底版制作系统，使底版按照所需模版图样在激光束下自动地移动，制成所需的模切版。

模压前，需先根据产品设计要求，用钢刀（即模切刀）和钢线（即压线刀）或钢模排成模切压痕版（简称模压版），现在模切版大概采用钢刀和钢线作为模切刀和压线刀。将模压版装到模压机上，在压力作用下，将纸板坯料轧切成型并压出折叠线或其他模纹。钢刀进行轧切，是一个剪切的物理过程；而钢线或钢模则对坯料起到压力变形的作用；橡皮用于使成品或废品易于从模切刀刃上分离出来。图 6-13 为模切原理。

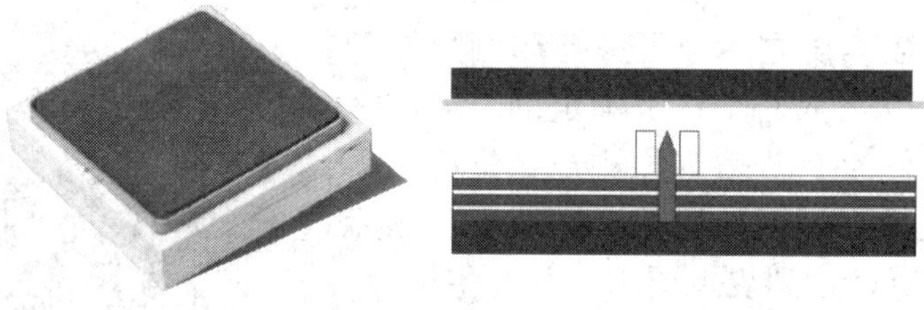

图 6-13　模切原理

一、模切压痕工艺过程

一般模切压痕工艺的流程为：

上版→调整版面压力→确定规矩→粘橡皮→模切、整理、检查

以模切压痕加工的主要对象——纸盒为例，一般需要经过开料、印刷、面加工、模切压痕、制盒的过程。

在模切压痕之前要制作模压版，模压版的格位必须与印刷的格位相符；而后在模切机上利用模压版纸板进行加工。

（一）上版

将制作好的模压版，安装固定在模切机的版框中，初步调整好位置，获取初步模切压痕效果的操作过程称为上版。上版前，要求校对模切压痕版，确认符合要求后，方可开始上版操作。

（二）调整版面压力

为使模切压痕加工产品切口干净利索，无刀花，无毛边，压痕清晰，深浅适度，对版面要进行压力调节，调节压力的时候，先进行试压根据钢刀在纸板上的切痕情况，进行适当增加或者减少模切版下面的垫纸，直到符合要求为止。

（三）确定规矩

规矩是在模切压痕加工中，用以确定被加工纸板相对于模版位置的依据。在版面压力调整好以后，应将模版固定好，以防模压中错位。确定规矩位置时，应根据产品规格要求合理选定，一般尽量使模压产品居中为原则。

（四）粘橡皮

模切压痕中采用在主要刀刃处粘橡皮，利用橡皮弹性恢复力的作用，可将模切分离后的纸板从刃口部推出。橡皮应高出刀口 3～5mm。

（五）模切、整理、检查

所有的调节工作完成，进行试模切，观察模切出来的产品是否符合要求，若不符合要求还要继续调节，若符合要求就可以进行正式模切了，产品模切完毕后，将多余的边料清除，然后检查包装后妥善保存。

二、模切压痕设备

用以进行模切压痕加工的设备称为模切机（图 6-14）。无论是何种类型的模切机，其机构均主要由模切版和压板机构两大部分组成。根据模切版和压板机构两部分主要工作部件的形状不同。

模切机可分为平压平、圆压平和圆压圆三种基本类型如图 6-15 所示。

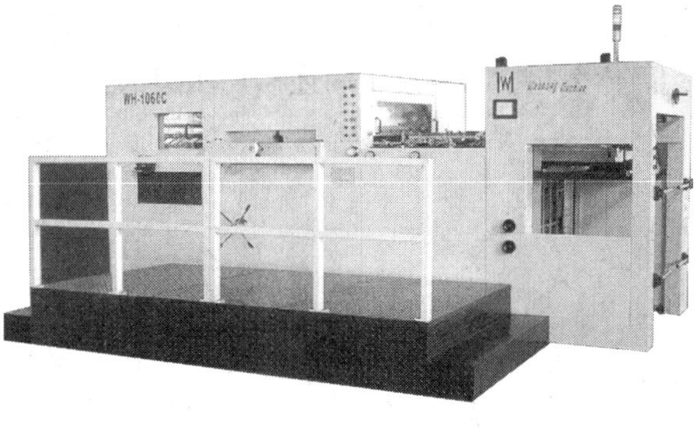

图 6-14　模切机

（一）平压平模切机

这种模切机的压板和模切版都是平板状的［图 6-15（a）］。在工作的时候，印刷品位于压板和模切版之间，通过压板和模切版的往复闭合，施加一定的压力，进行模切。

（二）圆压平模切机

圆压平模切机主要由做往复运动的平面形模切版和转动的圆筒形压力滚筒组成［图 6-15（b）］。在工作行程中，版台向前移动，压力滚筒压住纸板，并以与版台相同的表面线速度转动，对纸板进行模切和压痕。回复行程时，版台向后返回，压力滚筒的工作面不与模切版接触。

因圆压平模压机采用了圆筒形的压力滚筒代替压板，故模切时不再是“面接触”，而是“线接触”，使机器在模压时所承受的压力较小，而且较均匀地分布在一段长的时

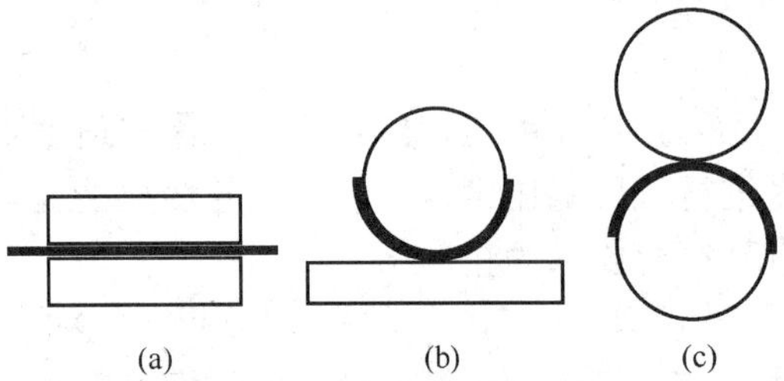

图 6-15　模切机的压板和模切版部分
(a) 平压平模切机　(b) 圆压平模切机　(c) 圆压圆模切机

间内，因而机器的负载比较平稳，可进行较大幅面的模切。

(三) 圆压圆模压机

圆压圆模压机的模切版和压板机构两者的工作部分都是圆筒形的，工作时，送纸辊将纸板送到模压版滚筒与压力滚筒之间，由两者将其夹住对滚时进行模压，模压版滚筒旋转一周，就是一个工作循环［图 6-15 (c)］。

由于圆压圆模压机工作时，滚筒连续旋转，因而其生产效率是各类模压机中最高的。但模切版要弯曲成曲面，制版、装版比较麻烦，成本也比较高，技术上有一定难度，所以，圆压圆模压机常用于大批量生产。

思考与练习

1. 什么叫印后加工？举出日常生活中印刷品进行了印后加工的例子。
2. 简述平装书籍的工艺流程。
3. 精装书籍和平装书籍装订上有哪些相同，哪些不同？
4. 什么叫上光？上光的涂布方式有哪几种？
5. 如果打算把一台印刷机改成上光机，你认为有哪些地方需要改动呢？
6. 什么叫覆膜？简述覆膜的工艺过程。
7. 什么叫电化铝烫印？电化铝烫印的工艺参数有哪些？对烫印效果有什么影响？
8. 什么叫模切压痕？简述模切压痕的工艺过程。

第七章　印刷品质量检验与控制

【学习目标】

掌握：1. 印刷品评价的参数
2. 印刷品质量评价的内容
3. 密度和色度测量的应用

了解：1. 印刷品质量的评价方法
2. 印刷品质量测控条和印刷品质量控制系统

【知识要点】

第一节　印刷品评价的内容：印刷品的阶调、层次和清晰度、颜色复制、外观、图像工艺规范
第二节　密度　网点扩大的分类　印刷相对反差　最佳墨层厚度　油墨叠印率
第三节　密度和色度的测量方法
第四节　测控条　测空条的分类　布鲁纳尔测控条
第五节　海德堡 CPC 控制系统　罗兰 PECOM 控制系统

印刷品质量，实际上包括制版、印刷和印后加工等几方面的质量效果，由于印刷品本身的特殊性，它既是商品又是艺术品，这就决定着印刷质量这一概念的广泛性，涉及主观、客观和复制过程的物理因素等实际情况。因此，只有从印刷技术的角度，才能正确地评价印刷品的质量，因为从商业价值或者艺术角度来评价并不能反映印刷品的质量特性，从印刷技术角度来考虑印刷品的质量就要看印刷品对原稿复制的忠实性。

第一节　印刷品的质量标准与评价方法

一、评价方法

印刷品的质量评价主要有下面的几种方法：

（1）主观评价　是评价者以复制品的原稿为基础，以印刷质量标准为依据，对照印样或印刷品，根据自己的学识、技术素养、审美观点和爱好等方面的心理印象作出评价。其评价的结果随着评价者的身份、性别、爱好、文化背景等的不同而不同，受评价者心理状态的支配，评价结果可能对印刷品的局部质量达到统一，而对综合性的全面质量却很难得到统一的意见，不能客观地反映印刷品的质量特性。主观评价印刷品质量主要靠目测，采用的工具主要是放大镜和信号条。

（2）客观评价　是以测定的印刷品的物理特性为中心，通过仪器或工具对印刷品作出定量分析，结合复制质量标准作出客观评价。目前的印刷品质量控制中，我们主要推荐以客观评价为主的方法，以促进印刷质量的提高和生产效率的提高。

（3）综合评价　就是以客观评价的手段为基础与主观评价的各种因素相结合的方法，也是使主观的心理印象与客观的数据分析相吻合，进而使评价标准更切合科学管理的方法。

二、印刷品的质量标准

关于印刷品质量的评价内容，目前国际国内尚无定论，一般说来，无论采取主观评价、客观评价，还是综合评价，所评价内容主要有：

（一）印刷品的阶调

阶调是指在图像信息还原中，一个亮度均匀的面积的光学表现。印刷品有亮度的差别，按照亮度的不同可以分为暗调、中间调、亮调，印刷时要合理地分配原稿上的阶调，一般的规律是亮调略有强调或保持，中间调保持或略有压缩，暗调一般处于压缩状态。总的看，印刷品的亮度范围不如原稿大，特别是透射原稿压缩得更多，这是印刷品不如原稿明快的主要原因。在参考原稿的基础上，彩色阶调的范围由纸张的白度和四个色版叠加的有效最高密度的密度反差所决定。一般说来，印刷适性（印刷适性是指承印物、印刷油墨以及其他材料与印刷条件相匹配适合于印刷作业的总性能）越好，密度范围越大，阶调复制越好；印刷适性越差，密度范围越小，阶调复制越差。

影响阶调复制的因素很多，例如原稿的阶调值，制作底片和印版时的工艺路线和工艺条件，印刷纸张、油墨、印刷机及其印刷工艺条件等都会对阶调复制产生影响。可以说，阶调复制贯穿于从原稿到印刷品的全过程。

（二）层次和清晰度

层次是指图像上从最亮到最暗部分的密度等级。指在可能复制的密度范围内，眼睛可以识别的亮度级数。清晰度是指图像相邻细部的色调差别，在整体画面协调的前提下，相邻细部的色调差别越明显，印刷品的清晰度就越好；对于图形一般指图形的细小线划清晰，分辨率高；对于文本一般指文字线划清晰、易读。对于印刷品是清晰度越高越好，但是在印刷过程中印刷品的清晰度不可避免地会受到一些因素的影响。

以下是影响层次和清晰度的因素，主要有：

① 原稿的质量。原稿层次好、清晰度高，才可能得到层次丰富、清晰度好的印刷品。

② 分色的质量及尺寸的准确性。

③ 拼版尺寸的准确性。

④ 拷贝尺寸的准确性。

⑤ 晒版质量及其尺寸的准确性。

⑥ 印刷适性。

⑦ 印刷过程中的套准精度。

⑧ 网点增大值。

⑨ 相对反差值。

（三）颜色复制

颜色复制应实现灰平衡，即原稿上中性灰的颜色，复制之后仍还原为中性灰，只有达到中性灰复制，才能保证印刷过程中各原色之间的平衡关系没有破坏，没有出现色偏。颜色复制的好坏由下列因素决定：

① 原稿质量。

② 分色质量。

③ 网点增大值。

④ 印刷油墨的质量。

⑤ 其他，如从透射原稿转换成反射印刷品，染料转换成颜料等造成的色误差，颜色评定和心理的影响等。

（四）外观

外观是指印刷品的外观特征。如印刷品上的墨点、白斑、糊版、划伤、蹭脏、图像位置、尺寸误差、接版色调是否一致等。

（五）图像工艺规范

印刷品要符合出版单位的要求。

第二节　影响印刷品质量的主要参数

影响印刷品质量的参数涉及密度（光学密度）概念。下面我们来了解一下什么是密度。

密度是指物体吸收光线的特性量度，即入射光量与反射光量或透射光量之比，用透射率或反射率倒数的十进制对数表示。

透射率是指从物体投射出的光通量与入射到物体的光通量之比，用百分比表示，称为透射率。透射密度是指透射率倒数的十进对数值，简记 D_T。

$$D_T = \lg \frac{1}{T} = \lg \frac{\theta_i}{\theta_r}$$

式中　θ_i——入射光通量

θ_r——透射光通量

反射率是指物体表面反射光通量与入射到物体表面上的光通量之比，用百分比表示，称为反射率。

反射密度是指反射率倒数的十进制对数值，简记 D_R。

$$D_R = \lg \frac{\theta_i}{\theta_\rho}$$

式中　θ_i——入射光通量

θ_ρ——反射光通量

在讨论印刷品质量的时候，常常研究影响印刷品质量的参数，一般来讲，影响印刷品质量的参数主要是下面这五个。

一、实地密度

实地密度是指印刷品上网点面积率为100％，即印刷品上被油墨完全覆盖的部分。实地密度的大小跟油墨吸收光的能量的多少有关，当入射光的数量一定时，反射的光越少，实地密度越大。

实地密度的随着墨层的增加，并不是无限的增加。当墨层厚度到一定值时，再继续增加墨层厚度，实地密度不再增大。

二、网点增大

网点增大：网点增大值是指印刷品某部位的网点面积与相应分色片上的网点面积之间的差值。按照网点扩大的机理分类：

（1）机械性网点扩大　指附着在金属版网点上的油墨经过印刷压力的挤压而变形扩大。

（2）光学网点扩大　由光的反射作用而引起的，当光到达网点表面时，产生了表面反射。而油墨渗透到纸张内的网点边缘形成扩散晕影，这种反射晕影形成了色调，其效果与印刷时机械性网点扩大是一样的。这两种网点扩大的情况在不同程度上对于印刷品质量都有损害。

网点增大率是印刷质量数据控制的主要标准。CY/5—1991《平版印刷品质量要求与检测方法》规定：精细印刷品网点增大率为8％～20％，一般印刷品网点率为10％～25％。只有网点增大率不超出规定范围，产品质量算合格。网点增大率越小，复制出的印刷品质量就越好。

印刷行业标准推荐的50％网点增大率如表7-1所示。

表7-1　　各色50％网点增大率

色别	精细印刷品/％	一般印刷品/％	色别	精细印刷品/％	一般印刷品/％
黄(Y)	8～20	10～25	青(C)	8～20	10～25
品(M)	8～20	10～25	黑(K)	8～20	10～25

三、印刷相对反差

在研究印刷图像质量及质量测控技术中，德国印刷研究协会（FOGRA）提出用相对反差的概念，用K值作为控制实地密度和网点增大的技术参数。

$$K=\frac{D_S-D_T}{D_S}$$

式中　D_S——实地密度

D_T——网点密度

K在0～1变化，K值越大，说明网点密度和实地密度之比越小，网点增大值也越小。影响K值的因素很多，例如纸张、墨层厚度等。一般来说铜版纸的K值比胶版纸的K值要大。

四、最佳墨层厚度的确定

在印刷中我们希望得到的印刷产品色彩鲜艳，饱和度高，这就必须需要足够的墨层厚度，但墨层厚度又不能无限制的增加，因为当墨层的厚度达到一定值以后，随着墨层厚度的增加，油墨的实地密度将不再增加，这时如果继续增加墨层厚度，不但油墨的实地密度不能增加，还会因为墨层太厚，造成网点扩大现象严重。而用相对反差公式可以确定实地最佳墨层厚度。相对反差公式反映了实地密度和网点密度之间，在实地密度变化过程中所产生的反差效果。在墨层较薄时，随着实地密度的增加 K 值渐增，图像的相对反差逐渐增大，当实地密度达到某一数值后，K 值就开始从某一峰值向下跌落，图像开始变得浓重、层次减少、反差降低。所以，实地密度的标准，应以印刷图像反差良好，网点增大适度，从数据规律看，应以相对反差（K 值）最大时的实地密度值作为最佳实地密度。

K 值通常通过测量控制条上 75%的网点块和实地块的密度值后，代入公式计算。在有些控制系统中不用 75%网点块而用 80%或 50%的网点块进行测量计算。

影响 K 值的原因有：①实地密度的大小。正常条件下，实地密度适合，K 值也是适合的。黄版实地密度低，其 K 值偏小；黑版实地密度偏高，其 K 值偏大；青版和品红版实地密度适中，其 K 值也适中；②其他条件相同，粗网线比细网线印刷 K 值相对大；③印刷适性条件好，K 值相对偏大；④D_T 值一般取 75%网点的密度，取位低（如 80%网点处），K 值相对小；⑤其他条件相同，印速低，单色机印刷 K 值相对偏大；而高速多色机印刷，K 值相对偏小。总之 K 值大，中间调至暗调层次好；K 值小，中间调至暗调层次平、图像的亮调至中间调层次好些，因此 K 值要控制在允许的范围内，不是越大越好，超过允许的范围，会影响亮调至中间调层次，要兼顾整个层次曲线的复制。

五、油墨叠印率

叠印率也叫油墨的受墨力，是度量油墨叠印程度的物理量。叠印率的数值越高，叠印效果越好。叠印率是根据印刷色序，通过一两或三色实地叠印区域的密度来计算。根据下式计算的油墨叠印率为对比参量，它描述了一种油墨叠在另一种油墨上，以及该油墨自身印在纸张上（此时的叠印率为 100%）的百分比。

两色叠印公式如下：

$$f_{D(2/1)}=\frac{D_{1+2}-D_1}{D_2}\times 100\%$$

式中　D_{1+2}——双色叠印的油墨密度

D_1——先印色的油墨密度

D_2——后印色的油墨密度

所有的油墨密度必须使用第二印刷色（末色）的补色滤色片来测量。

三色叠印的油墨密度公式如下：

$$f_{(3/2/1)}=\frac{D_{1+2+3}-D_{1+2}}{D_3}$$

式中　D_{1+2+3}——三色叠印的油墨密度

D_3——后印色的油墨密度

所有的油墨密度必须使用第三印刷色（末色）的补色滤色片来测量。

第三节　密度和色度测量的应用

密度是反射稿或透射稿上测得的反射率或透射率倒数的以 10 为底的对数。在前面我们已经介绍过。

色度就是对颜色的度量，是因为这种客观是建立在人眼的视觉生理基础之上的，但它却是大多数人对颜色的平均视觉感受。我们比较常用的有规范性意义的色度形式有三种：CIE XYZ、CIE Lab、CIE Luv。

有时候颜色用密度并不能反映它的真实情况，比如我们在描述某种颜色的时候用密度值并不能完全描述出来，即使是密度相同的颜色，它们看起来颜色也不一定相同，因此仅仅用密度来描述颜色是不够的，但是我们用色度可以准确地来描述颜色。

一、密度测量

密度测量要使用密度计，密度计分为透射密度计和反射密度计两种。透射密度计主要用于测量透射原稿的密度，照排输出胶片的密度和网点百分比，并用于照排机的线性化作业。反射密度计主要用于测量反射原稿密度和打样、印刷品样张的各种颜色的实地密度及网点面积、网点增大、叠印、印刷反差、色偏并测量计算油墨的三大特性。

密度计的测量原理和印刷操作者目测鉴定原理极为接近。在测量密度时可使用透射密度计和反射密度计，这两种类型的密度计在结构上大同小异，透射密度计的原理（图 7-1）是：光源发出的光，经过滤光照射到被测样品，然后经过被测样品透射，最后经过光电倍增管接受，光电倍增管把光接收过来，转化成大小不同的电流，再与基准值（“绝对白色”的反光量）比较，计算出被测样品的吸收特性，然后把结果显示出来。反

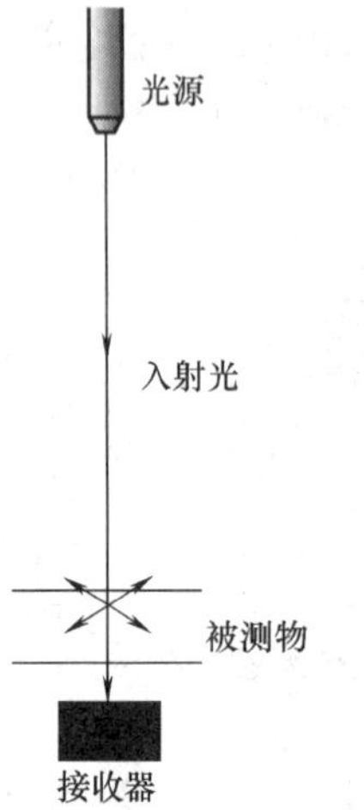

图 7-1　透射密度计原理

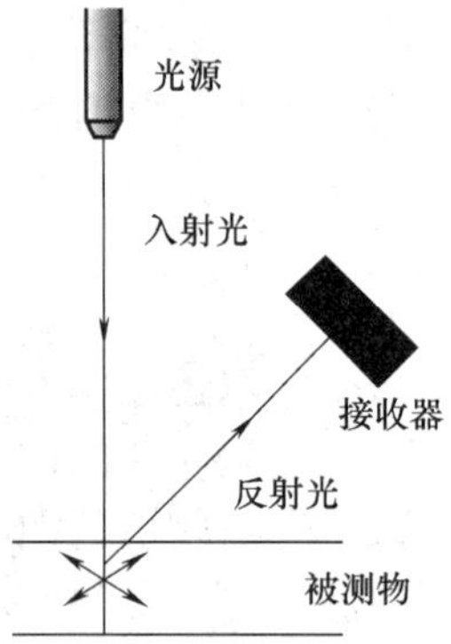

图 7-2　反射密度计原理

射密度计的原理（图 7-2）是：光源发出的光，经过滤光照射到被测样品，其中一部分光线被吸收，吸收情况取决于墨层厚度和色料密度，未被吸收的光线由印刷纸张表面反射，透射收集与照射光线成 45°角的反射光线。并传送到接收器，接收器将接收到的光量转变为电量，电子系统将此测量电流与基准值（绝对白色的反射量）进行比较。根据该比较值计算所测量墨层的吸收特性，测量结果密度单位显示于屏幕上。

密度计在使用前，首先要在随机配备的标准白板上校正调零。标准白板是一个较为理想的完全白色的硫酸镁反射表面，密度计调零意味着把密度计调整到标准的低密度值，然后进行零校正。

在实际生产中，密度计的用处很多，但最主要的有以下几个方面：

① 色彩受人们视觉主观的影响很大。每个人对颜色的感觉都不同，密度计测量可提供一个客观的分析，克服因人而异的弊病，从而统一了人们对墨色深浅判断的标准。

② 光源和环境对视觉测色影响极大。在室内与室外看色不一样，在印刷车间与办公室看色不一样，而用密度计测量，则不受环境影响。

③ 照排机输出，为了保证能够得到合格质量的 PS 版，照排输出的胶片网点必须要有足够的密度值。单个网点的密度要达到 3.0 以上，实地密度要达到 4.0 以上，起始灰雾密度要小于 0.07。

④ 检测信号条上的网点扩大情况，调整印刷油墨的量，调节印刷机，以便使印刷品符合要求。

⑤ 保证打样及印刷质量。密度计测量在打样、印刷中非常重要，在生产过程中，颜色密度深浅受多种因素影响而有了密度标准，通过测量，可以有效控制密度的深浅变化，从而保证墨色深浅的一致性和稳定性。一般在使用铜版纸打样时，各颜色的密度范围通常为：

Y：1.10～1.15　　M：1.40～1.50

C：1.50～1.60　　K：1.70～1.80

⑥ 打样、印刷制定质量标准。采用密度计进行数据化管理，可以提供不同地区、不同厂家的印刷作业人员监控生产过程，达到墨色深浅一致的效果。

⑦ 颜色档案。实现数据化已成为印刷质量管理的前提，制定的标准颜色数据可以记录档案加以保存，供下一批印刷时调出使用，这就避免了保存的样张在过一段时间后，由于样张颜色退色而造成每批印刷颜色不一致。

二、色度测量

色度测量主要有两种。第一种方法是利用光电色度计测色的方法，光电色度计在原理上非常类似于密度计，其外观、操作方法甚至是购买价格都相当接近。理想的自然白光在理论上由红、绿、蓝三种色光构成，三种色光的比例为 1∶1∶1，人工光源所发出的光，可以通过红、绿、蓝三种单色光按不同比例混合匹配产生。这种用来匹配某一特定光源所需要的红、绿、蓝三原色的量叫做该光源三刺激值。光电色度计直接显示三刺激值 $\bar{x}(\lambda)$、$\bar{y}(\lambda)$、$\bar{z}(\lambda)$，大多数还把三刺激值转换为色空间标度，例如转换成 CIE Lab 标度，但大多数只有一种或两种照明，所以用色度计测得的色彩并不总是表现视觉色彩，另外，CIE Lab 并不是对印刷非常理想的色度系统，因为它无法向 CIE Luv 一样计算出色彩的饱和度。光电色度计在确定色差方面是足够的，因此可以在印刷车间用做色差比较的测量。许多高档的光电色度计的精度也高到足以进行绝对色彩和相对色差的测量，但是一般说来，人们更喜欢用分光光度计去完成上述任务。

第二种方法是利用分光光度计测量色彩的方法。正像三滤色片光电色度计可看成是一个专门的反射率测量仪器一样，分光光度计也可以这样看，但它与光电色度计不同，分光光度计测量的是一个物体的整个可见反射光谱，分光光度计是在可见光谱域逐点测量，即在一些离散点上进行测量，通常每隔 10nm 或 20nm 测量一个点，在 400～700nm 的范围内测量 16～31 个点。有些分光光度计是连续地对光谱进行测量，而三滤色片光电色度计只对三个点进行测量，所以分光光度计能提供的信息要多得多，至少是对 16 个点进行测量。

在印刷的时候，控制印刷的墨层厚度，因为墨层太厚会发生严重的网点扩大现象，墨层太薄，整个印刷品颜色的偏浅，原稿得不到正确的复制。墨层的厚度要适当，在前面我们讲过如何确定最佳墨层的厚度，要确定最佳墨层厚度需要确定最佳相对反差值，测定相对反差值要用密度计进行测量密度，在单色印刷中，我们可以通过测定油墨的密度，来确定相对反差值，很好的来控制印刷品的质量，但是对于多色印刷，仅仅测定密度是不够的，只有色彩测量才能表达眼睛看到的是什么色彩和什么样的色差是容许的。现在国际上公认的色彩分类系统是 1931 年由 CIE 制订的 CIE 色彩空间，CIE 标准色度图包括了全部色相，色彩的饱和度自内向外依次渐增。可以通过数学变换把 CIE 坐标变换成三维 CIE Lab 和 CIE Luv 色彩空间。这两种色彩空间把数学方法的精确性和视觉色彩等距分布的优点结合起来了。这些系统已被用在一些印刷机控制系统中。

色彩测量仪器按结构原理可以分为三种：密度计、色度计和分光光度计。

密度计实际测量的是经油墨吸收后光的反射值或软片的透射值。又分为反射密度计与透射密度计。其测量的只是各种单色物体对光的吸收比例，只表示“黑”或“灰”的程度。密度计可以测量四色油墨的密度，但是在测量的时候是使用油墨的补色滤色片进行的，比如说，它在测量黄墨时使用蓝滤光片，通过蓝滤色片对入射光的过滤作用，只剩下蓝色光入射到黄色墨上，而又由于黄墨吸收蓝色光，其吸收蓝色光的程度反映了黄墨的深浅，因此测量反射光的强度就可以知道蓝色光被吸收的程度，也就知道了黄墨的密度。因此，测量四色油墨同样利用的是单色物体对光的吸收比例。测量的仅仅是一个密度，并不能反映人的视觉。

色度计也带有一套专门滤色片。但是滤色片的目的同密度计不同，它是用来校正仪器光源和探测元件的光谱特性，使输出电信号大小正比于颜色的三刺激值，与人的视觉相协调。因此，色度计模仿人的眼睛视觉系统，通过测量直接就可以得出颜色的三刺激值。

分光光度计测量的是一个物体在整个可见光范围内的反射光谱，它在可见光谱区域内的一些离散点上进行测量，通常每隔 10nm 或 20nm 测量一个点，在 400～700mm 的范围内测量 16～31 个点。分光光度计采用的是数字式的积分方法，在可见光范围的任一波长的分光反射率都可以求得，所以它能提供比色度计多得多的被测信息，而不仅是三刺激值。分光光度计可以当作色度计使用，同时也可以测量密度值（用数字信号来模拟滤色片），分光光度计可以鉴别同色异谱现象，同色异谱有相同的三刺激值，用色度计就不能鉴别，但用分光光度计就可以测量分光曲线来鉴别。图 7-3 为一款分光光度计。

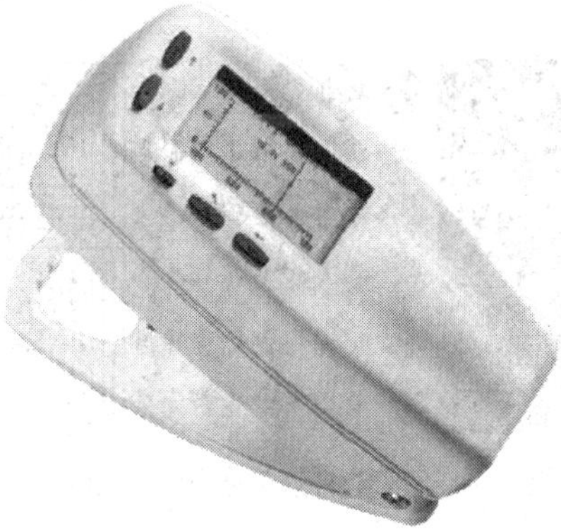

图 7-3　分光光度计

第四节　印刷品质量测控条的应用

一、测控条的基本构成

（一）概念

测控条是实施印刷质量数据化测控的重要媒介。它是运用精密技术，把网点、线条和实地等几何图形制作在软片或软件（电子文档）上而获得的一种测试工具。它由许多具有不同功能的测试区、段、块组成，用以判断和控制拷版、晒版、打样和印刷时的图文信息单元转移时的质量情况。

（二）分类

根据测控条所能提供质量信息的档次，可分为两大类：

（1）信号条　由若干信号块构成，能及时反映印刷时的网点扩大或缩小，轴向重影或周向重影，以及晒版时的曝光不足或过量，印版的分辨力等情况。其特点是：

① 只需一般放大镜或人眼，就能察觉质量问题，无须昂贵的专门的仪器设备。

② 使用方便，容易掌握；结构简单，成本低。

③ 只能定性地提供质量情况，无法提供精确的质量指标数据，故称为信号条。

（2）测试条　由若干区、段测试单元（块）和少量的信号块组成，它不仅具有某些信号条的功能，还能通过专门的仪器设备。在规定的测试单元上进行测量，再由专用公式计算出印刷质量的一些指标数值，供评判、调节和存贮之用。它适用于高档次产品印刷质量的控制、测定和评价。

二、测控条应用举例

（一）布鲁纳尔印刷控制条

布鲁纳尔测控条分为三代，第一代测控条为实地段：10l/cm，50%粗网点段，60l/cm，50%细网点段组成。实地段用于测定墨层的实地密度；粗网点段，用以测定网点增大值的变化情况；细网点段，可供目测网点增大值的变化情况（图 7-4）。

图 7-4　布鲁纳尔第一代三段测控条

在网点段的中间用大十字线将细网点线一分为四，每四分之一的面积上网点的形式完全相同，它包括：

（1）在细网点段的四个角上，设在黑白间距相等，60l/cm 的纵横垂直线条，作为印刷的时候有无变形，重影的标记。若网点横向变形，则纵线变粗，如网点纵向变形，则横线变粗。

（2）在细网点段中间大十字线的上下方，分别设有方向不同的网点，第一排有 13 个网点，最靠里边的一个网点是实心点，其余 12 个网点是空心点，其面积分别为 99.5%，99%，98%，97%，96%，95%，94%，92%，90%，88%，85%，80%，这 12 个空心网点是用来检查网点扩大的。印刷的时候可以通过观察这几个空心网点有几个被堵死，有几个没有被堵死，即可大概知道印刷网点的扩大情况。假如 12 空心网点都被堵死了。说明网点至少扩大了 20%以上，如果有 8 个网点被堵死，4 个没有被堵死，说明印刷网点扩大了 8%以上，其他以次类推。第二排为 12 个实心点，其面积由大到小，分别为 20%，15%，12%，10%，8%，6%，5%，4%，3%，2%，1%，0.5%，这 12 个实心点是用来检查晒版质量的。一般情况下，PS 版能晒出 10 个点子。如果晒版的时候，小点子失去过多，说明曝光过度或显影过度。

在细网点段的每 1/4 部分的内侧中心有 4 个 50%的方网点，这是用于控制晒版、打样或印刷时版面深浅变化的。如方网点搭角大时，则图像深，网点扩大值增大，如 50%方网点四角脱开，则图像浅，网点缩小。

三段网点测控条测算网点增大值，是采用密度计分别测试 50%粗网点段和 50%细网点段的密度，然后用细网点段密度减去粗网点段密度，即可求出网点增大值。

印刷网点增大值＝细网点段密度－粗网点段密度

布鲁纳尔测控条以网点范围计算的网点增大值与戴维斯的计算方法有一定的出入。

布鲁纳尔测控条第二代测控条是在第一代三段测控条的基础上，增加了 75%的粗细网段（图 7-5），构成了 5 段式，并和晒版控制段，中性灰平衡段，叠印段等相结合，组成多功能测试段。

第一段为实地段，第二段为 75％粗网点段，第三段为 60l/cm，75％的细网点段，第四段 50％，10l/cm 粗网点段，第五段为 50％，60l/cm 的细网点段（图 7-6）。

第一代测控条为实地段，50％粗网点段（10 线/cm），50％细网点段（60 线/cm）组成。根据布鲁纳尔测的研究，在 50％网点段测试时，细网和粗网的密度之差即为网点增大值，如果在约 20％的网点面积处测粗、细网点密度，两者密度之差即为网点增大值，如果在 20％网点面积处测粗细网点密度，两者的密度差乘以 2 就是增大值，如果在约 75％网点面积处测量粗细网密度，两者的密度差要除以 2 就是扩大值。在印刷过程中，网点扩大最敏感的部位是 75％的网点，而网点扩大量最大的部位大致是 50％附近。所以，通常使用 50％的网点段计算网点扩大值，75％网段用于计算相对反差值。

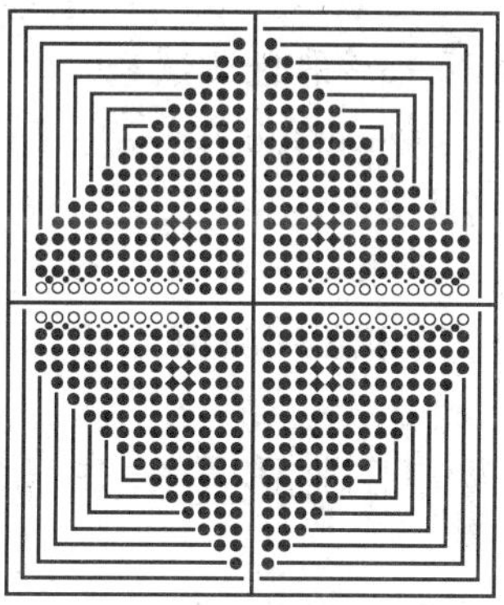

图 7-5　布鲁纳尔三段测控条细网段放大图

图 7-6　布鲁纳尔五段测控条

布鲁纳尔第三代测控条整体尺寸 154cm×6cm，由 7 部分组成：

A. 色标间，复色叠印段

B. 25％～75％段

C. 布鲁纳尔三段实地，50％特殊测微段

D. 中性灰平衡段

E. 晒版度（0.5％～5％）晒版度检测段

F. 印版分辨力段

G. 四色三段式测试条

使用测试条时必须注意：各测试条都是以某一特定的网线线数为基准的，如果印品采用的网线线数与测控条的网线线数一致，则所测结果能够反映真实情况。反之，所测数值不是实际情形的数值，必须加以换算。一般网线线数增加，网点增大值也增加。但是由于印刷中控制印刷质量，实际上只需相对控制数据，因此，测控条在不同网线线数情况下仍具有通用性。

（二）FOGRA PMS 印刷控制条

FOGRA PMS 色彩控制条是德国印刷与复制技术协会设计的。它由实地、网点块、叠印块及控制印版和软片曝光用的微线块组成。

控制条规格为8mm×530mm，在长度方向上无规律地重复安排各种各样的元素，它所包括的元素有实地、实地叠印块、为了控制网点增大的网点块（网点百分比为2%，3%，4%，5%，40%和80%）、网点变形块、灰平衡块和为了控制印版曝光的微线块（6～30μm）。

PMS控制条以长2～5m成卷供应，用户根据需要按不同长度裁切。

（三）GATF袖珍彩色测试条

GATF（Graphic Arts Technical Foundation）袖珍彩色测试条的规格为1/4in×5in。它含有实地、叠印实地、40%红、绿、蓝网点叠印块，40%黄、品红、青单色网点块，为了判断网点增大、网点变形、重影的星标和灰平衡块。测试条供应长度为20in，分正片和负片两种。

第五节　印刷质量的自动控制系统

印刷品质量自动检测与控制系统，主要是指在高速印刷情况下，印刷机在线检测和控制印刷品质量的系统。自从1977年德国海德宝公司在德鲁巴国际印刷博览会上首次推出CPC油墨集中遥控系统以来，随着技术的不断进步，其他一些公司也相继推出了自己的印刷控制系统。目前在国际印刷设备市场中90%以上的多色胶印机都配有控制系统。例如海德堡的CPC，CP TRONIC控制系统，曼罗兰PECOM控制系统，高宝公司的COLORTRIC控制系统，三菱公司的API-Ⅲ控制系统。这些控制系统的系统虽然名称各不相同，结构各不相同，控制所用的软件和硬件各具特色，但控制系统的内容、原理、功能基本相似。

一、海德堡胶印机的CPC系统

CPC（Computer Print Control）计算机印刷控制系统是一种可扩展式系统。主要由CPC1给墨量和套准遥控装置、CPC2印刷质量控制装置、CPC3印版图像测读装置、CPC4套准控制装置和CP Tronic（CP窗）自动监测和控制系统组成。

（一）给墨量和套准遥控装置CPC1

（1）CPC1-01是给墨和套准系统的遥控装置，包括区域墨量遥控装置，墨斗辊墨条宽度遥控装置及轴向和周向套准装置。该供墨装置沿墨斗辊轴向安装了32个计量墨辊，把给墨区域分成32个小区域，每个计量墨辊的宽度为32.5mm，计量墨辊中间大部分做成偏心柱。通过微电机转动计量墨辊，以改变计量墨辊和墨斗辊的间隙，便可调节该区域的出墨量。

（2）CPC1-02与CPC1-01相比，增加了存储器、处理机、盒式磁带和光笔。控制装置采用光笔和按钮进行墨量的整体快速和局部遥控调节，有储存记忆功能。使用光笔可向存储器中输入相应区域的墨层厚度和墨条宽度，以备调用；盒式磁带还可以存储CPC3印版测读装置所提供的预调数据。与CPC1-01相比，可迅速地预调整给墨量，从而进一步缩短准备工作时间，提高生产率。

（3）CPC1-03控制装置与CPC1-02相比，增加了随动控制和随动自动控制装置。

它是 CPC1 扩大用途的高级发展阶段。常与 CPC2 印刷质量控制装置结合使用，联用时光将 CPC2 装置测定的每个区域的墨层厚度换算成给墨量调整值，并显示在控制台的随动显示器上，再根据偏差值进行校正。从而快速、准确地达到合格印刷品的标准数值。

（4）CPC1-04 是海德堡另一种新型遥控墨区及套准控制装置系统。CPC1-04 是墨区及套准遥控系统可完全取代原先的 CPC1-02 和 CPC1-03 系统。CPC1-04 采用显示屏，系统中功能也进一步丰富多样，信息以图像表示，与海德堡的 CP 窗相似，使操作诊断等工序更趋简捷，提高了工作效率。CPC1-04 墨区遥控伺服电机和印版滚筒套准电机的控制比以前也有了重大改进。印刷品墨量分布值一经调定，CPC1-04 系统可以同时控制 120 个墨区电机进行墨量控制，使整机上墨和水墨平衡所需要的时间比以前缩短 50％以上，与此同时 CPC1-04 也比以前能同时控制更多的套准用伺服电机，从而更大的减少换版和印刷工作准备时间。

（二）印刷质量控制装置 CPC2

该装置是利用质量控制条来确定印刷品质量标准的一种测量装置。CPC2 的测量值可以用数据传输线输送到多达 7 个 CPC1-03 控制或者 CPC 终端设备。CPC2 与 CPC1-03 控制台联用，不仅可以缩短更换印刷品所需要的时间、减少调机的废品，而且在印刷中，可通过计算机把实际的光密度值转换为控制给墨量的输入数据，以保证高度稳定的印刷质量。

CPC2 装置的同步测量头在几秒钟之内对质量控制条的全部色阶进行扫描，可以测量六种颜色，并将所测试数据（如实地密度、网点增大、反差、重影和墨色叠印、色调偏差和灰色度等）与预定的基准值比较，其偏差值通过 CPC1-03 装置对印刷机各色墨斗进行调整。

（三）印版图像测读装置 CPC3

CPC3 印版图像阅读装置可对逐个给墨区上感测印版上亲墨层所占面积的百分率。CPC3 可以阅读所有标准商品型号的印版，印版表面质量的好坏直接影响测量的结果。如果印版的基本材料，涂层材料的涂胶均匀，测量结果就越准确。CPC3 利用计算机控制的光电测童头测定印版各墨区的油墨覆盖面积，并将所测量的结果存储在盒式磁带上或打印输出。印刷前，CPC1 控制台调用盒式磁带所存储的印版测定值和其他数据，并通过 CPC1-02（或 CPC1-03）把这些数据转换成计量墨辊和墨斗辊间隙的调节值，实现了墨量的自动领调，并缩短了预调时间。

（四）套准控制装置 CPC4

CPC4 是一种无电缆的套准测读控制器，用于测量印张周边和横向套准偏差，并可以实现和存储测定结果，并且可以自动进行套准调节。测量时，把 CPC4 装置放在印品上，可测出十字线套准误差并进行记录，然后把 CPC4 装置位于 CPC1 控制台的控制板上方时，只需操作按钮就可以通过红外线将存储的数据传给 CPC1，而通过 CPC1 遥控装置驱动步进电机，把所有的印版滚筒调到计算的位置。

二、曼罗兰胶印机的 PECOM 控制系统

罗兰胶印机所配备的 PECOM 印刷控制中心由电子控制处理器（PEC）、电子归纳处理器（PEO）和电子管理功能系统处理器（PEM）组成。

罗兰 PECOM 系统采用了现代数码程序技术，大量工作由主控中心集中操作完成并用数字予以显示，实现了印刷过程的全自动控制。通过光导纤维快速准确地传输数据信息，保证了印刷质量的稳定性，保持了较高的生产率。

（一）电子控制处理器（PEC）

电子控制处理器 PEC 是 PECOM 结构的基础，它包括印刷机组、压印、控制和调整功能。例如 PECOM 印刷控制中心对油墨控制调节系统（RCI/CCI）、定位装置的控制及调节系统、输纸过程监视、输纸尺寸的预设和附件设备的控制等。控制系统集中于每个机组单元机身墙板中，每个控制单元机组均有自己的 CPU，数据信息在机组之间以及机组与主控中心之间转换，并自动显示机器故障的原因及排除方法。罗兰 700、600 等胶印机的电子控制系统具有如下控制功能：

（1）（尺寸）自动定位装置（ASD） 该装置控制输纸机（飞达驱动马达横向定位校正装置和给纸台装置）和收纸机，印刷前将印刷纸张的尺寸输到控制中心，此时横向引导纸堆定位和吸嘴位置自动调整。侧规装置和收纸装置的调节自动跟踪输纸机进行。纸堆两侧有标准监测仪器，必要时会自动调节纸堆所处的位置，这样就保证了在输纸过程中气动拉规可以获得相同的拉纸距离，横向位移同样可以用输纸台上的手动按钮直接操作。自动中心位置控制能保证每次纸堆重新安放时自动回到原中心位置。纸堆高度的选择依靠后面的压角进行监视，当纸堆前面没有按要求靠前挡板时，会产生中断信号。

纸张输送随时受监测器监视，由计算机跟踪并显示位移情况，当纸张发生倾斜、输纸过早或过晚时，都被记录并显示在第一色组的显示屏（盘）上，提醒操作输纸装置运行情况，以便及时准确处理，保证可靠走纸。

（2）压力自动调节装置（APD） 在印刷前，将纸张厚度输入到印刷控制中心，橡皮滚筒便自动移到与压印滚筒之间恰当的距离上，每个独立的机组均可由控制中心控制完成。在印刷过程中，橡皮滚筒与印版滚筒之间的压力调整可以通过印刷控制中心在运行中完成，并能分别对每一色组进行不同的调整。

（3）滚筒自动定位装置（ACD）和自动换版系统（PPL） 当需要换版时，按动键盘按钮，由滚筒自动定位装置将印版滚筒自动旋至换版的最佳位置，然后操作者将印版放入版夹中，再启动自动换版系统 PPL，通过印版引导装置，把印版准确地紧固在印版滚筒的版夹中。

当印刷不同的纸张时，可通过自动换版装置 PPL 或全自动换版装置 APL 对印版的边缘进行轴向和周向调节，以适应纸张的尺寸变化。

（4）印版定位及质量放大器（RQM） 印版查准控制是通过印品套准定位线或印品局部放大显示在控制中心的显示屏上进行版位校正的。操作者可根据具体情况决定手动调版或是通过键盘启动 RQM 进行调版。如果用 RQM 调版，可选择画面细微部分放大作为参考或显示在监视器上，并自动输入到其他机组，其偏差由参考值自动计算，再启动定位键即可自动完成印版的纵向和横向校正工作。应用 RQM 调版可减少版位调整次数。

（5）橡皮滚筒自动清洗装置（ABD） 该装置用气动控制的反向运行的带有特殊涂层的辊子清洗橡皮滚筒。可针对每个独立的色组选择和改变溶剂量和水量，以清洗不同机组橡皮布上的纸毛和印过专色的橡皮布。ABD装置由印刷控制中。已控制快速清洗工作，存入ABD中的多种清洗程序均可调用。

（6）墨辊自动清洗装置（ARD） 该装置由印刷控制中心控制，清洗程序可预设和调用。洗涤水和溶液分离放置，以适应不同清洗要求。清洗时墨辊和润版辊可同时清洗。与橡皮滚筒清洗配合，可以确定和使用多种清洗程序。

（二）电子归纳处理器（PEO）

电子归纳处理器PEO负责归纳印刷机工作室的各部分工作，例如印版扫描EPS装置、监视器和印刷功能检查以及印刷技术指令准备（TPP）状态等。

（三）电子管理功能系统处理器（PEM）

电子管理功能系统处理器PEM联接于技术工作准备站TPP，并进一步连接到PED和PEC平面上。通过PEM使生产部门与印刷产品之间利用软件在印刷厂收集所有的印刷过程进行处理，并且成为一个信息系统。该系统的主控中心数据库可储存5000条指令，测量数据和各种参数可集中存储于数据库中进行管理，重复工作可以从预设中调出所需各种实际资料和数据。

印刷技术准备TPP工作站是连接印刷车间和印刷厂管理层之间的纽带，在远离车间的生产管理办公室内可以进行胶印机的所有技术命令准备和命令准备程序控制。既包括中心数据的存储和参数准备，如纸张幅面尺寸、油墨调节参数、印刷压力、套色顺序、印刷数量以及最高印刷速度的设定；又包括辅助设备的准备如喷粉器、润湿液控制装置和清洗系统等的准备工作。印刷前将有关数据直接传给印刷机，在印刷的同时，运行数据传回到TPP工作站，随时可以检查实际生产过程的情况。

思考与练习

1. 印刷品质量评定主要包括哪几种方法？
2. 印刷品质量评价的内容都有哪些？
3. 什么是密度？
4. 简述印刷品质量测控条的构成。
5. 简述海德堡CPC控制系统和罗兰PECOM控制系统。

参考文献

1. 齐晓堃. 印刷工艺学［M］. 北京：中国轻工业出版社，2007
2. 张逸新. 数字印刷原理与工艺［M］. 北京：中国轻工业出版社，2007
3. 杨净. 数字印刷及应用［M］. 北京：化学工业出版社，2005
4. 陈虹. 现代印刷机械原理与设计［M］. 北京：中国轻工业出版社，2007
5. 王野光. 印刷概论［M］. 北京：中国轻工业出版社，2001
6. 冯瑞乾. 印刷概论［M］. 北京：印刷工业出版社，2001
7. 万晓霞、邹毓俊等. 印刷概论［M］. 北京：化学工业出版社，2001
8. 魏瑞玲. 印后原理与工艺［M］. 北京：印刷工业出版社，1998
9. 钱军浩. 现代印刷机与质量控制技术［M］. 北京：中国轻工业出版社，2001
10. 谢普南、王强主译. 印刷媒体技术手册［M］. 北京：世界图书出版公司，2004
11. 刘真. 印刷概论［M］. 北京：印刷工业出版社，2008
12. 徐锦林. 印刷工程导论［M］. 北京：化学工业出版社，2006

新书/重点书

本科教材

1. 数字印前原理与技术（带课件）——普通高等教育“十一五”国家级规划教材　刘真等著　16 开　32.00 元　ISBN 978-7-5019-7612-6
2. 包装机械——普通高等教育“十一五”国家级规划教材　孙智慧　高德主编　16 开　48.00 元　ISBN 978-7-5019-7150-3
3. 数字印刷——普通高等教育“十一五”国家级规划教材　姚海根主编　16 开　28.00 元　ISBN 978-7-5019-7093-3
4. 包装工艺技术与设备——普通高等教育“十一五”国家级规划教材　金国斌主编　16 开　44.00 元　ISBN 978-7-5019-6638-7
5. 包装材料学（带课件）——普通高等教育“十一五”国家级规划教材　国家精品课程主讲教材　王建清主编　16 开　42.00 元　ISBN 978-7-5019-6619-6
6. 印刷色彩学（带课件）——普通高等教育“十一五”国家级规划教材　刘浩学主编　16 开　40.00 元　ISBN 978-7-5019-6434-7
7. 包装结构设计（第三版）（带课件）——普通高等教育“十一五”国家级规划教材　国家精品课程主讲教材　孙诚主编　16 开　52.00 元　ISBN 978-7-5019-6434-5
8. 印后加工技术——普通高等教育“十一五”国家级规划教材　唐万有主编　16 开　32.00 元　ISBN 978-7-5019-6289-1
9. 特种印刷技术——普通高等教育“十一五”国家级规划教材　智文广主编　16 开　45.00 元　ISBN 978-7-5019-6270-9
10. 包装概论——普通高等教育“十一五”国家级规划教材　蔡惠平主编　16 开　22.00 元　ISBN 978-7-5019-6277-8
11. 印刷工艺学——普通高等教育印刷工程专业“十一五”规划教材　齐晓堃主编　16 开　38.00 元　ISBN 978-7-5019-5799-6
12. 印刷设备概论——北京市高等教育精品教材立项项目　陈虹主编　16 开　52.00 元　ISBN 978-7-5019-7376-7
13. 包装动力学（带课件）——普通高等教育包装工程专业“十一五”规划教材　高德　计宏伟主编　16 开　28.00 元　ISBN 978-7-5019-7447-4
14. 包装工程专业实验指导书——普通高等教育包装工程专业“十一五”规划教材　鲁建东主编　16 开　22.00 元　ISBN 978-7-5019-7419-1
15. 包装自动控制技术及应用——普通高等教育包装工程专业“十一五”规划教材　杨仲林主编　16 开　34.00 元　ISBN 978-7-5019-6125-2
16. 现代印刷机械原理与设计——普通高等教育印刷工程专业“十一五”规划教材　陈虹主编　16 开　50.00 元　ISBN 978-7-5019-5800-9
17. 方正书版/飞腾排版教程——普通高等教育印刷工程专业“十一五”规划教材　王金玲等编著　16 开　40.00 元　ISBN 978-7-5019-5901-3
18. 包装印刷与印后加工——普通高等教育“十五”国家级规划教材　许文才主编　16 开　45.00 元　ISBN 7-5019-3260-3
19. 药品包装学——高等学校专业教材　孙智慧主编　16 开　40.00 元　ISBN 7-5019-5262-0

20. 新编包装科技英语——高等学校专业教材　金国斌主编　大 32 开　28.00 元　ISBN 978-7-5019-4641-8
21. 物流与包装技术——高等学校专业教材　彭彦平主编　大 32 开　23.00 元　ISBN 7-5019-4292-7
22. 绿色包装（第二版）——高等学校专业教材　武军等编著　16 开　26.00 元　ISBN 978-7-5019-5816-0
23. 丝网印刷原理与工艺——高等学校专业教材　武军主编　32 开　20.00 元　ISBN 7-5019-4023-1
24. 柔性版印刷技术——普通高等教育专业教材　赵秀萍等编　大 32 开　20.00 元　ISBN 7-5019-3892-X

高等职业教育教材

25. 印前图文信息处理（带课件）——教育部高职高专印刷与包装专业教学指导委员会双元制示范教材　诸应照主编　16 开　42.00 元　ISBN 978-7-5019-7440-5
26. 包装印刷设备（带课件）——教育部高职高专印刷与包装专业教学指导委员会双元制示范教材　国家精品课程主讲教材　余成发主编　16 开　42.00 元　ISBN 978-7-5019-7461-0
27. 包装工艺（带课件）——教育部高职高专印刷与包装专业教学指导委员会双元制示范教材　吴艳芬主编　16 开　39.00 元　ISBN 978-7-5019-7048-3
28. 现代胶印机的使用与调节（带课件）——教育部高职高专印刷与包装专业教学指导委员会双元制示范教材　周玉松主编　16 开　39.00 元　ISBN 978-7-5019-6840-4
29. 印刷材料（带课件）——教育部高职高专印刷与包装专业教学指导委员会双元制示范教材　艾海荣主编　16 开　39.00 元　ISBN 978-7-5019-6762-9
30. 印刷包装专业实训指导书——教育部高职高专印刷与包装专业教学指导委员会双元制示范教材　周玉松主编　16 开　29.00 元　ISBN 978-7-5019-6335-5
31. 印刷设备——普通高等教育“十一五”国家级规划教材　潘光华主编　16 开　26.00 元　ISBN 7-5019-5773-6
32. 包装材料性能检测及选用（带课件）——全国高职高专印刷与包装专业教学指导委员会规划统编教材　国家精品课程主讲教材　郝晓秀主编　16 开　22.00 元　ISBN 978-7-5019-7449-8
33. 包装结构与模切版设计（带课件）——全国高职高专印刷与包装专业教学指导委员会规划统编教材　国家精品课程主讲教材　孙诚主编　16 开　48.00 元　ISBN 978-7-5019-7040-7
34. 数字化印前技术——全国高职高专印刷与包装专业教学指导委员会规划统编教材　赵海生等编　16 开　26.00 元　ISBN 978-7-5019-6248-6
35. 设计应用软件系列教程 Illustrator CS——全国高职高专印刷与包装专业教学指导委员会规划统编教材　向锦朋编著　16 开　45.00 元　ISBN 978-7-5019-6780-3
36. 包装材料测试技术——全国高职高专印刷与包装专业教学指导委员会规划统编教材　林润惠主编　16 开　30.00 元　ISBN 978-7-5019-6313-3
37. 书籍设计——全国高职高专印刷与包装专业教学指导委员会规划统编教材　曹武亦编著　16 开　30.00 元　ISBN 7-5019-5563-8
38. 包装概论——全国高职高专印刷与包装专业教学指导委员会规划统编教材　郝晓秀编著　16 开　18.00 元　ISBN 978-7-5019-5989-1
39. 印刷色彩——高等职业教育教材　武兵编著　大 32 开　15.00 元　ISBN 7-5019-3611-0
40. 印后加工技术——高等职业教育教材　唐万有　蔡圣燕主编　16 开　25.00 元　ISBN 7-5019-3353-7
41. 印前图文处理——高等职业教育教材　王强主编　16 开　30.00 元　ISBN 7-5019-3259-7
42. 网版印刷技术——高等职业教育教材　郑德海编著　大 32 开　25.00 元　ISBN 7-5019-3243-3

43. 印刷工艺——高等职业教育教材　金银河编　16 开　27.00 元　ISBN 978-7-5019-3309-X
44. 包装印刷材料——高等职业教育教材　武军主编　16 开　24.00 元　ISBN 7-5019-3260-3
45. 印刷机电气自动控制——高等职业教育教材　孙玉秋主编　大 32 开　15.00 元　ISBN 7-5019-3617-X
46. 印刷设计概论——高等职业教育教材/职业教育与成人教育教材　徐建军主编　大 32 开　15.00 元　ISBN 7-5019-4457-1

中等职业教育教材

47. 印后加工（带课件）——全国中等职业教育印刷包装专业教改示范教材　刘舜雄主编　16 开　24.00 元　ISBN 978-7-5019-7444-3
48. 印刷电工基础（带课件）——全国中等职业教育印刷包装专业教改示范教材　林俊欢主编　16 开　28.00 元　ISBN 978-7-5019-7429-0
49. 印刷英语（带课件）——全国中等职业教育印刷包装专业教改示范教材　许向宏编著　16 开　18.00 元　ISBN 978-7-5019-7441-2
50. 最新实用印刷色彩（附光盘）——印刷专业中等职业教育教材　吴欣编著　16 开　38.00 元　ISBN 7-5019-5415-5
51. 包装印刷工艺·特种装潢印刷——中等职业教育教材　管德福主编　大 32 开　23.00 元　ISBN 7-5019-4406-7
52. 包装印刷工艺·平版胶印——中等职业教育教材　蔡文平主编　大 32 开　23.00 元　ISBN 7-5019-2896-7
53. 印版制作工艺——中等职业教育教材　李荣主编　大 32 开　15.00 元　ISBN 7-5019-2932-7
54. 文字图像处理技术·文字处理——中等职业教育教材　吴欣主编　16 开　38.00 元　ISBN 7-5019-4425-3
55. 印刷概论——中等职业教育教材　王野光主编　大 32 开　20.00 元　ISBN 7-5019-3199-2
56. 包装印刷色彩——中等职业教育教材　李炳芳主编　大 32 开　12.00 元　ISBN 7-5019-3201-8
57. 包装印刷材料——中等职业教育教材　孟刚主编　大 32 开　15.00 元　ISBN 7-5019-3347-2
58. 印刷机械电路——中等职业教育教材　徐宏飞主编　16 开　23.00 元　ISBN 7-5019-3200-X

科技书

59. 包装产业与循环经济——"十一五"国家重点图书出版规划项目　李沛生编著　异 16 开　35.00 元　ISBN 978-7-5019-6759-9
60. 科技查新工作与创新体系　江南大学编著　异 16 开　29.00 元　ISBN 978-7-5019-6837-4
61. 数字图书馆　江南大学著　异 16 开　36.00 元　ISBN 978-7-5019-6286-0
62. 纸包装结构设计（第二版）孙诚编著　异 16 开　35.00 元　ISBN 978-7-5019-5216-8
63. 现代实用胶印技术——印刷技术精品丛书　张逸新主编　16 开　40.00 元　ISBN 978-7-5019-7100-8
64. 计算机互联网在印刷出版的应用与数字化原理——印刷技术精品丛书　俞向东编著　16 开　38.00 元　ISBN 978-7-5019-6285-3
65. 印前图像复制技术——印刷技术精品丛书　孙中华等编著　16 开　24.00 元　ISBN 7-5019-5438-0
66. 复合软包装材料的制作与印刷——印刷技术精品丛书　陈永常编　16 开　45.00 元　ISBN 7-5019-5582-4
67. 现代胶印原理与工艺控制——印刷技术精品丛书　孙中华编著　16 开　28.00 元　ISBN 7-5019-

5616-2
68. 现代印刷防伪技术——印刷技术精品丛书　张逸新编著　16 开　30.00 元　ISBN 7-5019-5657-X
69. 胶印设备与工艺——印刷技术精品丛书　唐万有等编　16 开　30.00 元　ISBN 7-5019-5710-X
70. 数字印刷原理与工艺——印刷技术精品丛书　张逸新编著　16 开　30.00 元　ISBN 978-7-5019-5921-1
71. 图文处理与印刷设计——印刷技术精品丛书　陈永常主编　16 开　39.00 元　ISBN 978-7-5019-6068-2
72. 印后加工技术与设备——印刷工程专业职业技能培训教材　李文育等编　16 开　32.00 元　ISBN 978-7-5019-6948-7
73. 平版胶印机使用与调节——印刷工程专业职业技能培训教材　冷彩凤等编　16 开　40.00 元　ISBN 978-7-5019-5990-7
74. 印前制作工艺及设备——印刷工程专业职业技能培训教材　李文育主编　16 开　40.00 元　ISBN 978-7-5019-6137-5
75. 包装印刷设备——印刷工程专业职业技能培训教材　郭凌华主编　16 开　49.00 元　ISBN 978-7-5019-6466-6
76. 特种印刷新技术　钱军浩编著　16 开　36.00 元　ISBN 7-5019-3222-054
77. 现代印刷机与质量控制技术（上）　钱军浩编著　16 开　34.00 元　ISBN 7-5019-3053-8

印刷行业标准

78. QB/T 2824—2006　胶印热固着轮转油墨　8.00 元
79. QB/T 2825—2006　柔性版水性油墨　10.00 元
80. QB/T 2826—2006　胶印紫外光固化油墨　8.00 元
81. QB/T 2730.1—2005　喷墨打印墨水　第 1 部分：喷墨打印机用墨水　14.00 元
82. QB/T 2730.2—2005　喷墨打印墨水　第 2 部分：喷绘墨水　14.00 元
83. QB/T 2929—2008　溶剂型油墨溶剂残留量限量及其测定方法　10.00 元
84. QB 2930.1—2008　油墨中某些有害元素的限量及其测定方法　第 1 部分：可溶性元素　12.00 元
85. QB 2930.2—2008　油墨中某些有害元素的限量及其测定方法　第 2 部分：铅汞镉六价铬　12.00 元